河蟹呼吸时产生的泡沫

蟹池清淤

U0364972

插栽水草

1

投喂饵料

网箱养蟹

专用的蟹苗培育土池

河蟹的暂养

开挖田边沟和田间沟

防逃网

及时捞出蟹池里的青苔

河蟹抖抖病症状

河蟹纤毛虫病症状

4

河蟹实用养殖技术问答

编著者

占家智　汪永忠　羊　茜

金盾出版社

内 容 提 要

本书以问答的形式,重点介绍了河蟹仔蟹的培育,幼蟹的培育,成蟹养殖技术,河蟹疾病的预防与治疗技术,还介绍了河蟹饲料的供应及水草的种植技术,并对河蟹的运输也进行了一定的介绍。内容新颖,技术全面,养殖方案实用有效,可操作性强,适合全国各地河蟹养殖区的养殖户参考,对水产技术人员也有一定的参考价值。

图书在版编目(CIP)数据

河蟹实用养殖技术问答/占家智,汪永忠,羊茜编著.—北京:金盾出版社,2018.7
ISBN 978-7-5082-9905-1

Ⅰ.①河… Ⅱ.①占…②汪…③羊… Ⅲ.①中华绒螯蟹—淡水养殖—问题解答 Ⅳ.①S966.16-44

中国版本图书馆 CIP 数据核字(2015)第 000572 号

金盾出版社出版、总发行
北京太平路 5 号(地铁万寿路站往南)
邮政编码:100036 电话:68214039 83219215
传真:68276683 网址:www.jdcbs.cn
双峰印刷装订有限公司印刷、装订
各地新华书店经销
开本:850×1168 1/32 印张:7.375 彩页:4 字数:171 千字
2018 年 7 月第 1 版第 1 次印刷
印数:1~5 000 册 定价:22.00 元
(凡购买金盾出版社的图书,如有缺页、
倒页、脱页者,本社发行部负责调换)

前　言

　　河蟹是中国的特产,也是人们特别喜爱的水产品,目前已经成为我国重要的水产养殖品种。随着自然资源的日益减少,河蟹的人工养殖也日趋走向高潮。为了帮助广大农民朋友掌握最新的河蟹养殖技术,我们组织编写了《河蟹实用养殖技术问答》一书。本书以问答的形式,重点介绍河蟹的仔幼蟹培育、成蟹养殖技术和河蟹的疾病防治技术,还兼顾了河蟹饲料的供应及水草的种植技术,对河蟹的运输也做了一定的介绍。

　　本书的一个重要特点是对养殖技术的介绍比较全面、实用,包括池塘养殖河蟹、稻田养殖河蟹、湖泊网围养殖河蟹、各种混养与套养技术、河蟹越冬肥育技术等。本书的编写形式是以一问一答的方式,提出了在河蟹养殖中最常见的问题,每个问题单独解答,同时又能兼顾整体。内容新颖,技术全面,养殖方案实用有效,可操作性强,适合全国各地河蟹养殖区的养殖户阅读参考,对水产技术人员也有一定的参考价值。由于时间紧迫,书中错误、遗漏之处在所难免,恳请读者朋友批评指正。

占家智

目 录

一、河蟹的基本特点

1. 河蟹的分类地位是什么？

河蟹（图1）是我国特产，学名中华绒螯蟹（Eriocheir Sinensis），俗称毛蟹、螃蟹、大闸蟹、胜芳蟹。又根据其行为特征与身体结构而被称为"横行将军"或"无肠公子"。河蟹隶属于节肢动物门、甲壳纲、软甲亚纲、十足目、爬行亚目、短尾部、方蟹科、绒螯蟹属。

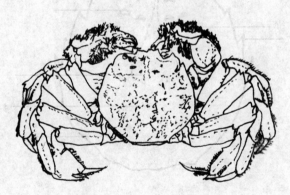

图1 河 蟹

2. 河蟹的头胸部有哪些特点？

河蟹的头胸部是身体的主要部分，是由头部与胸部愈合在一起而形成的,被两块硬壳包围着,上面为头胸甲,下面为腹甲。

河蟹背面覆盖着一层坚硬的背甲,称为头胸甲,俗称蟹斗或蟹兜。头胸甲是河蟹的外骨骼,具有支撑身体、保护内脏器官、防御敌害等作用。背甲一般呈墨绿色,但有时也呈赭黄色,这是河蟹对生活环境颜色的一种适应性调节,也是一种自我保护手段。背甲的表面起伏不平,形成许多区,并与内脏位置相一致,分为胃区、肝区、心区及鳃区等。背甲的边缘可分为前缘、眼缘、前侧缘、后侧缘和后缘5个部分。前缘正中为额部,有4枚齿突,称为额齿。额齿间的凹陷以中央的一个最深,其底部与后缘中点间的连线最长,可以表示体长。头胸甲额部两侧有1对复眼(图2)。

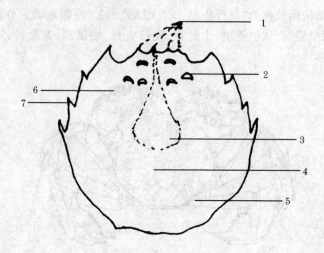

图 2 河蟹头胸甲示意

1.额齿 2.疣状突 3.胃区 4.心区 5.鳃区 6.肝区 7.侧齿

头胸甲的腹面为腹甲所包围,腹甲通常呈灰白色,腹甲也称胸板,四周长出绒毛,中央有一凹陷的腹甲沟。雌、雄河蟹的生殖孔就开口在腹甲上。

3. 河蟹的腹部有哪些特点？

河蟹的腹部俗称蟹脐,共分 7 节,弯向前方,紧贴在头胸部腹面,看腹部的形状是鉴别雌、雄成蟹最直观、最显著、最简便的方法。在仔蟹时期,无论雌、雄,腹部都为狭长形,但随着个体的生长,雄蟹的腹部仍保持呈三角形,雌蟹的腹部逐渐变圆,因而人们习惯上把雄蟹称为尖脐或长脐,雌蟹称为圆脐或团脐。成熟的雌蟹腹部大而圆,周围长满较长的绒毛,覆盖头胸甲的整个腹面。而雄蟹腹部狭长呈三角形,贴附在头胸部腹面的中央。

4. 河蟹的附肢有哪些特点？

河蟹属于高等甲壳动物,其身体为 21 节,其中头部 6 节,胸部 8 节,腹部 7 节。除头部第一节无附肢外,每节都有 1 对附肢。由于河蟹的头胸部已愈合,节数难以分清,但附肢仍有 13 对。腹部附肢已大大退化,雌蟹腹部尚有附肢 4 对,而雄蟹只有 2 对附肢。

头部有 5 对附肢,前 2 对演变成触角,可感受化学刺激,后 3 对特化成 1 对大颚和 2 对小颚,可用于磨碎食物。

胸部有 8 对附肢,前 3 对称为颚足,为口器的组成部分,可抱持食物。其余 5 对为步足,俗称胸足,最前面 1 对步足强大有力,称为螯足,呈钳状,分为 7 节,依次为指节、掌节、腕节、长节、座节、基节和底节。螯足掌部密生绒毛,雄性的螯足比雌性的大,螯足具有捕食、防御、掘穴等功能。后 4 对步足形状相近,也分为 7 节,主要用于爬行、游泳、协助掘穴。

腹部附肢已退化,雄蟹仅有 2 对,特化成交接器,以利抱雌和交配;雌蟹有 4 对,附着在腹部的第二至第五节上,各节均生有刚毛,内肢可附着卵粒。

5. 河蟹的眼睛为什么被称为复眼?

当我们走到池塘边时,远远地就能看到河蟹快速地向池塘或草丛里爬,可见河蟹对外界刺激很敏感,这是由于它具有高级的视觉器官——复眼。复眼位于额部两侧的一对眼柄的顶端,它并不是简单的两只眼睛,而是由数百上千个甚至更多的单眼组成,故名复眼。

6. 河蟹的复眼有哪些特点?

河蟹的复眼有 3 个特点:一是构成它的基本单位——单眼较多,可以互相补充视角所不能及的角度,因而视力范围较开阔。二是复眼由眼柄举起,突出于头胸甲前端,因而转动自如,灵活方便,可视范围广。三是复眼由两节组成,眼柄活动范围较大,既可直立,又可横卧,直立时将眼举起,翘视四方;横卧时可借眼眶外侧的绒毛除去眼表面的污物。复眼不仅能感受光线的强弱,还能感觉物体的形象,因此当人们走近河蟹尚有一段距离时,河蟹会立即隐藏于水草中或潜入水底。另外,河蟹依靠复眼可以在夜晚借助微弱的光线寻找食物和躲避敌害,与其昼伏夜出的生活习性相适应。

7. 河蟹的口器有哪些特点?

口器是河蟹摄取食物的重要器官,位于头胸甲的腹面、腹甲的前端正中。它由 6 对附肢共同组成,由里向外依次是 1 对大颚、2对小颚和 3 对颚足,它们按顺序依次重叠在一起,形成一道道关卡,食物必须通过这 6 对附肢组成的 6 道关卡后才能进入食道,其目的是为了提高摄食效率和确保摄入食道里的食物能顺利消化。

当河蟹找到食物时,先用螯足夹取食物并送到口器边,再用第二对步足的指尖协助捧住食物并递交给颚足,第三对颚足把食物传递给大颚,大颚再把食物切断或磨碎,同时运用第一、第二对小颚来防止细小食物的散失。附肢上的刚毛对防止食物的散失也有作用。磨碎后的食物经短的食道而被送入胃中。

8. 河蟹的骨骼系统有哪些特点?

与其他的甲壳动物一样,河蟹的体表也覆有坚韧的几丁质外骨骼,它具有防护与支撑的双重功能,能对河蟹内部的柔软器官进行构型、建筑和保护。

河蟹的体表覆盖着坚硬的体壁,体壁由三部分组成:表皮细胞层、基膜和角质层。表皮细胞层由一层活细胞组成,它向内分泌形成一层薄膜,叫作基膜,向外分泌形成厚的角质层。角质膜主要由几丁质(甲壳质)和蛋白质组成,前者为含氮的多糖类化合物,是外骨骼的主要成分,而后者大部分为节肢蛋白。角质层除了保护内部构造外,还能与内壁所附着的肌肉共同完成各种运动。

河蟹的外骨骼是充当盔甲的器官,含有大量钙质,因此在养殖过程中要不断地进行钙质的补充,尤其是在河蟹蜕壳时,更要及时在饵料里添加含钙质丰富的蜕壳素,平时要定期用生石灰进行水质调节,也是提供和补充钙质的重要途径。

9. 河蟹的肌肉系统有哪些特点?

河蟹的肌肉系统是呈束状的横纹肌,往往是成对排列的,尤其是河蟹附肢肌肉的力量很强大,不但能支撑起庞大的身躯,而且能灵活地爬行。

10. 河蟹的呼吸系统有哪些特点？

鳃是甲壳动物的主要呼吸器官，也是最具特征性的器官。河蟹的鳃共有 6 对，位于头胸部两侧的鳃腔内。每个鳃由中央的鳃轴和多数附属物构成，前者外侧贯穿一条入鳃血管，它在鳃轴顶端弯曲向下，就变为鳃轴内侧的出鳃血管。鳃腔通过入水孔和出水孔与外界相通。河蟹的鳃有十分宽广的表面面积，静脉血流经这些附属物时，即可充分交换气体，吸入氧气而排出碳酸气，变为动脉血。河蟹的呼吸作用是不能停止的，即使离开水体，河蟹仍要尽力呼吸。了解河蟹的这种生理特点，对于现实生产中河蟹的管养与运输有重要意义。

11. 河蟹的消化系统有哪些特点？

河蟹的消化系统包括口、食道、胃、肠和肛门。其中肠是最重要的一部分，为一狭长的管道，分为前肠、中肠和后肠三部分。前肠包括食道和胃，中肠前部有消化腺——肝胰腺的开口，后肠为直肠，肛门一般在腹部末节（尾节）腹面。河蟹的前肠和后肠来源于外胚层，是表皮的一部分，里面衬有一层几丁质皮，蜕皮时连同外壳一起蜕掉。

12. 河蟹的生殖系统有哪些特点？

河蟹为雌雄异体，雌雄个体明显不同。雌性的生殖器官包括卵巢和输卵管两部分。雄性的精巢为乳白色，分为左、右两个。输精管能分泌精荚或精包，向雌性输送精液。

13. 河蟹的神经系统有哪些特点？

河蟹的脑由 3 对神经节合成,这 3 个部分分别分出眼神经、第一触角神经和第二触角神经。脑以 1 对环食道神经连合与食道下神经节相连,向后通出腹神经索。腹神经索两条并列,上有许多神经节,基本上每节 1 对,左、右两神经节间由横的神经相连。

河蟹的神经系统和感觉器官比较发达,对外界环境反应灵敏。在陆地爬行时,可越过障碍寻找食物,人工养蟹时应配以严密的防逃措施,防止河蟹逃逸造成不必要的损失。

14. 河蟹的趋光性有哪些特点？

河蟹是昼伏夜出的动物,喜欢弱光,畏惧强光。白天隐藏于洞穴、池底、石隙或草丛中,在夜间河蟹依靠嗅觉和复眼在微弱的光线下寻找食物。因此,我们在进行人工养殖时,可将河蟹的投喂重点集中在傍晚,以满足它们在晚上摄食的要求。另外,渔民在捕捞河蟹时,也充分利用了河蟹喜欢趋弱光的原理,在夜间采用灯光诱捕,捕获量大大提高。

15. 河蟹的呼吸特性有哪些？

河蟹是用鳃呼吸的水生甲壳动物,鳃,俗称鳃胰子,是河蟹的主要呼吸器官,河蟹的鳃共有 6 对,位于头胸部两侧的鳃腔内。鳃腔里的鳃,因着生部位不同,可分为侧鳃、关节鳃、足鳃和肢鳃 4 种。河蟹依靠鳃的呼吸把氧气从外界运输到血色素中,并把二氧化碳由组织和血液中排出体外。如果把河蟹放在水中,就可以看到有两道水流从口器附近喷流出来,这股水流是靠口器中第二对小颚的外肢在鳃腔中鼓动而造成的,大部分的水是从螯足的基部进入鳃腔,还有一小部分水是从最后两对步足的基部进入。除鳃之外,还有一些辅助结构也是构成呼吸系统的一部分。

河蟹通常用内肢来关闭入水孔,使河蟹在离水时不易失水,起着防止干燥的作用,又因其上肢长,两侧及顶端均着生细毛,当它伸入鳃腔拨动水流时,有清洁鳃腔的作用。

血液从入鳃孔和出鳃血管流过,使水中的氧气和血液中的二氧化碳进行气体交换,完成呼吸作用。呼吸作用不能停止,氧气的供给不能间断,这是河蟹赖以生存的基本要求。因此,当河蟹离开水体后,它需要继续呼吸,这时进入鳃部的不是水而是空气。当空气进入鳃腔时,就与鳃腔贮存的少量水分混喷出来,所喷出来的水分和空气混合物就形成许多泡沫,河蟹就是利用这种方式来适应短期陆地生活的。由于不断呼吸,使泡沫越来越多,产生的泡沫不断破裂,同时不断增生新的泡沫,因此我们常听到河蟹会发出淅淅沥沥的声音。

16. 河蟹喜欢栖息在什么地方？其栖息方式有哪几种？

河蟹喜欢栖息在江河、湖泊的泥岸或滩涂上,尤其喜欢生活在水草丰富、溶氧量充足、水质清新、饵料丰富的浅水湖泊中或沟河中,也栖息于水库、坑塘、稻田中,喜欢在泥岸或滩涂上挖洞藏身,避寒越冬。

河蟹栖息的方式有隐居和穴居两种。河蟹通常是白天在洞穴中休息或隐藏在石砾、水草丛中,晚上活动频繁,主要是出来寻觅食物。在饵料丰富、水位稳定、水质良好、水面开阔的湖泊、草荡中,河蟹一般不挖穴,隐伏在水草和水底淤泥中过隐居生活。通常隐居的河蟹新陈代谢较强,生长较快,体色淡,腹部和步足水锈少,素有"青背、白脐、金爪、黄毛"的清水蟹之称。另外,在人工精养时,河蟹可改变其穴居的特性,由于池内人工栽种的水草及铺设的瓦砾等隐蔽物较多,河蟹一般不会打洞,喜欢栖息于水花生等水草丛中。由此可见,水草及隐蔽物的设置对河蟹的养殖有重要作用。

河蟹从幼蟹阶段起就有穴居的习性,它主要靠一双有力的螯足来掘洞穴居,洞穴一般呈管状,多数一端与外界相通,底端向下弯曲,洞口常在水面以下。由于穴居的河蟹新陈代谢较弱,生长较慢,体色较深,腹部和步足水锈多,素有"乌小蟹"之称。因此,在人工养殖时,要尽可能多栽种水草,尽量减少穴居的数量,因为有不少穴居的幼蟹性情懒惰,蜕壳和生长迟缓,严重影响育成效果及养殖效益。穴居的河蟹平常躲在洞里逃避其他敌害的捕食,冬天在洞中越冬,一个洞穴里,有时聚集着 10~20 只小蟹,穴居是河蟹长期进化过程中保护自己、适应自然的一种方式。

据实验观察,在养蟹池塘中,9 月底前在水温保持在 22℃ 以上,且水位较为稳定时很少见到河蟹掘洞穴居,成蟹穴居率仅为 2%~5%,且雌性个体多于雄性个体,绝大部分河蟹掩埋于底泥中,靠露出口器以上的眼和触角来呼吸。但在池塘培育蟹种时,越冬时则发现其喜挖洞穴居,在洞穴中防寒取暖,躲避老鼠、水鸟等敌害的袭击。一般在水温降至 10℃ 以下时,河蟹即潜伏于洞穴中越冬。

17. 河蟹一生要经历几次洄游?

河蟹的一生要经历 2 次洄游,分别是幼体时的索饵洄游和成熟后的生殖洄游,这两次洄游是天然河蟹生长繁殖的必经过程。

(1)索饵洄游 河蟹的索饵洄游又叫溯河洄游,是指在江海交汇处繁殖的溞状幼体发育到蟹苗或 I 期幼蟹阶段,根据其对饵料等条件的需求,借助潮汐的作用,由河口顺着江河逆流而游,溯江而上,进入湖泊等淡水水体生长肥育的过程。

(2)生殖洄游 河蟹的生殖洄游也称降河洄游,由于遗传特性的原因,河蟹在淡水中生长肥育 6～8 个月,完成生长肥育后,每年秋冬之交,成熟蜕壳后的河蟹就要从淡水向江海交汇处的半咸水中迁移,此时它们成群结队地离开原栖居场所,沿江河顺流而下,在迁移过程中,性腺逐步发育,在咸淡水中性腺发育成熟,并完成交配、产卵、孵化等繁殖后代的过程,故称其为河蟹的生殖洄游。

18. 河蟹的生殖洄游有哪些特点?

河蟹生殖洄游的时间在长江流域为每年的 9～11 月份,但高峰期是在寒露至霜降的半个月内。民间俗语说:"西风响,蟹脚(爪)痒""西风响,回故乡""西风响,蟹下洋",就是说到了秋季,河蟹就一定要进行生殖洄游,它们纷纷从湖泊、河流汇集到江河主流中,成群结队,浩浩荡荡地顺水向河口爬去,形成一年一度的秋季成蟹蟹汛。在洄游中,蟹体内性腺迅速发育,变化明显,到达河口产卵场时,雌、雄蟹的性腺都先后发育成熟,一旦受到海水的刺激,便开始择偶交配。整个交配过程在数分钟至 1 小时即可完成。促成河蟹生殖洄游的因素很多,其中性腺成熟是一个主要因素,其他如水的温度、水的流动速度、水体盐度变化等外部因素,也是促进河蟹向沿海江河口洄游的因素。

河蟹交配后约经 12 小时,即从雌蟹生殖孔产出已受精的卵,大部分卵黏附在雌蟹的腹肢上。抱卵的雌蟹经过 1 个冬季后,于翌年晚春、早夏开始孵化受精卵,孵化出溞状幼体后,亲蟹死亡,幼体又进行索饵洄游。即必须由淡水进入咸淡水中繁殖、育苗,幼体又重新进入淡水中生长、肥育,重复上述洄游与生殖的生命史。

19. 河蟹冬眠吗?

与所有的水生动物一样,河蟹也受外界环境的影响,这种影响主要表现在蟹种的越冬上,当气温下降至5℃左右时,河蟹就会栖居在洞穴、草丛或泥土中,进入冬眠状态。在冬眠期间,河蟹基本上不吃不动,螯足和附肢也基本无力。

20. 河蟹为什么会横向运动?

河蟹行动迅速,既能在地面快速爬行,又能攀向高处,也能在水中做短暂游泳,但它们的运动方向总是横行的,而且略向前斜,这种特有的运动现象是由于河蟹的身体结构本身所决定的。河蟹头胸部的宽度大于长度,步足伸展在身体的左右两侧。每个步足的关节只能向下弯曲,爬行的时候,常用一侧步足的指尖抓住地面,再让另一侧步足在地面上直伸起来,推送身体向另一侧移动,所以它必须采取横行的方式;同时,河蟹的几对步足长短不等,这决定了它在横向前进时,总是带有一定的倾斜角度,从而形成了这种独特的运动方式。

21. 河蟹的自切与再生特性是怎样的?

河蟹在整个生命过程中均有自切现象,但再生现象只在幼蟹进行生长蜕壳阶段存在。成熟蜕壳后,河蟹的再生功能基本消失。

河蟹的自卫和攻击能力较强,常常因争食、争栖息地而发生厮斗,当一只或数只附肢被对方咬住、被敌害侵害或人们的捕捉方法不当时,它能自动切断受损伤的步足而迅速逃生,这种方式称为自切。另外,当河蟹受到强烈刺激或机械损伤,或者是蜕壳过程中胸足受阻蜕不出来时,也会发生丢弃胸足的自切现象。

河蟹的断肢有其固定部位,折断总是在附肢基节与座节之间的折断关节处。这里有特殊的结构,既可迅速修补断面,防止流血,又可利于再生新肢。所以说,河蟹自切后,具有较强的再生能力。因此,我们所见的河蟹,除了肢体完整外,有的缺少附肢,有的左、右螯足大小悬殊,有的步足特别细小,有的在缺足的地方长出疣状物,这些都是河蟹自切和再生功能所造成的,是正常的生理特征。河蟹自切后再生的新肢,同样具有齿、突、刺等构造,长成的附肢同样具有摄食、运动、爬行和防御的功能,但整个形体要比原来的肢体小。由于河蟹发育到性成熟时,不再具备再生的功能,因此在起捕上市、出售成蟹时,动作要轻、要规范,确保附肢特别是大螯的完整,否则会影响商品蟹的经济效益。

22. 为什么说河蟹的生长是跳跃式的?

河蟹躯体的增大、形态的改变及断肢的再生都要在蜕皮或蜕壳之后完成,这是因为河蟹属节肢动物,具外骨骼,外骨骼的容积是固定的。当河蟹在旧的骨骼内生长到一定阶段,旧的外壳不能容纳积蓄的肌体时,河蟹必须蜕去这个旧外壳才能继续生长。河蟹一生要经过多次蜕壳,这是河蟹生长的一个生物学特性。

河蟹的幼体阶段可分为溞状幼体、大眼幼体和仔幼蟹3个阶段。溞状幼体经过5次蜕皮即可变成大眼幼体(蟹苗);大眼幼体经过5~10天生长发育,再经1次蜕皮后即变态成Ⅰ期幼蟹;幼蟹每隔5~7天蜕壳1次,经5~6次蜕壳后则成长为扣蟹,此时它具有成蟹的一切行为特征和外部形态。在生产上将Ⅰ期幼蟹培育成Ⅴ~Ⅵ期幼蟹的过程称为仔幼蟹培育。扣蟹还需经数次蜕壳后才能达到性成熟,性成熟后的河蟹不再蜕壳直到产卵死亡。

河蟹的生长受环境条件的影响很大,特别是受饵料、水温和水质等生态因子的制约。对河蟹来说,蜕壳频率和每次蜕壳后的增重量是决定其生长速度的关键因素。水域水质、水温条件适宜,饵料丰富,蜕壳次数多,河蟹生长迅速,个体也大。如环境条件不良,河蟹则停止蜕壳,个体也小。

河蟹的生长,从个体来说是表现为跳跃性和间断性的,但从其群体角度来说,则是连续性的。河蟹每蜕一次壳,其体重增加30%～50%,体长与体宽也相应增加。河蟹的蜕壳频率和蜕壳后的增重又受生态环境的影响较大,如在自然环境中,蜕壳周期为15天左右,蜕壳后体重增加30%～48%;而在池塘养殖条件下,5～9月份只蜕壳2～3次,蜕壳后体重增加22.4%～40.2%,平均增加33.2%;饲养在水族箱中的河蟹,蜕壳周期为32天,蜕壳后体重平均增加32.3%。可见,生活于不同生活环境中的河蟹,蜕壳周期差异较大,但蜕壳后的增重量较为接近,表明蜕壳周期的长短(蜕壳频率)对河蟹生长的影响更大些。河蟹的幼体刚蜕皮或幼蟹刚蜕壳后,活动能力很差,身体柔弱无力,极易受到敌害生物甚至其他同类的攻击,而其自身的保护、防御能力极弱。因此,在发展人工养殖河蟹的时候,一定要注意保护蜕壳蟹(又称软壳蟹)的安全。

23. 河蟹的寿命有多长?

在不同地区、不同水温和不同盐度环境下,河蟹的寿命有一定的差别。但总的来说,河蟹平均寿命为24个月左右。生长在沿海的河蟹,有一部分当年就可以达到性成熟,个体重只有10多克,寿命只有1年,我们通常称之为性早熟蟹。有些远离海边的地方,如新疆博斯腾湖等地,河蟹寿命可达到3～4年,这主要与河蟹生长的环境因素有关。因此,河蟹养殖应年年放养幼蟹,才能年年有蟹可捕。

24. 河蟹的生活史包括哪些阶段?

河蟹在淡水中生长,在海水中繁殖,它的一生从胚胎开始要经过溞状幼体、大眼幼体、幼蟹、成蟹等几个发育阶段。通常按河蟹的生长发育先后依次称为溞状幼体、大眼幼体(即蟹苗)、仔蟹(也称豆蟹)、幼蟹(也称稚蟹)、蟹种(也称扣蟹)、黄蟹、绿蟹、抱卵蟹及软壳蟹阶段。其中通常将仔蟹、幼蟹、蟹种合称为幼蟹或仔幼蟹;黄蟹、绿蟹合称为成蟹;抱卵蟹称为亲蟹。

河蟹的生活史是指从精、卵结合,形成受精卵,经溞状幼体、大眼幼体、仔蟹、幼蟹、成蟹,直至衰老死亡的整个生命过程(图 3)。

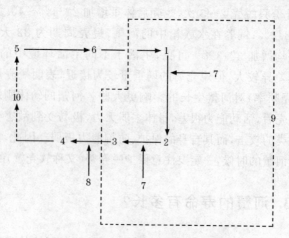

图 3　河蟹的生活史

1. 溞状幼体　2. 大眼幼体　3. 幼蟹(豆蟹和扣蟹)

4. 成蟹(黄蟹和绿蟹)　5. 受精卵　6. 胚胎发育　7. 蜕皮　8. 蜕壳

9. 幼体期(虚线内),虚线外为成体及胚胎期　10. 性成熟的雌、雄蟹交配

25. 溞状幼体期有哪些特点?

溞状幼体是胚胎发育后的第一个阶段,它因体形不像成蟹而形似水溞而得名。溞状幼体很小,具有较强的趋光性和溯水性,全长仅 1.5～4.1 毫米,不能在淡水中生活,必须在河口附近的半咸水中生活。它的活动方式尚未具备成蟹的横行式爬行,而是像水

溞那样依靠附肢的划动和腹部不断屈伸的游泳方式在水表层过着浮游生活。其食性为杂食性,以浮游植物和有机碎屑为主要食物,Ⅰ期和Ⅱ期溞状幼体多在水表层活动,Ⅲ期和Ⅳ期溞状幼体逐渐转向底层,Ⅴ期溞状幼体开始溯水而上。

26. 什么是大眼幼体? 大眼幼体有哪些特点?

Ⅴ期溞状幼体蜕皮即变态为大眼幼体。在进行仔幼蟹培育时,就是从淡化后的大眼幼体入手。为什么叫大眼幼体? 这是因为其眼柄伸长且常露在眼窝外面,1对复眼相对整个身体来说比较大而明显,因而称为大眼幼体。大眼幼体形状扁平,额缘内凹,额刺、背刺和两侧刺均已消失;胸足5对,后面4对均为步足;腹部狭长,共7节,尾叉消失;腹肢5对,第一至第四对为强大的桨状游泳肢,第五对较小,贴在尾节下面,称为尾肢(图4)。

图4 大眼幼体

大眼幼体体长为5毫米左右,具有较强的趋光性和溯水性,生产单位常用灯光诱捕大眼幼体,就是利用这种趋光特性。大眼幼体对淡水生活很敏感,已适应在淡水中生活,本阶段除了善于游泳外还能进行爬行,且行动敏捷。在游动时,步足屈起,腹部伸直,4对桨状游泳肢迅速划动,尾肢刚毛快速颤动,行动敏捷灵活。在爬行时,腹部蜷曲在头胸部下方,用胸甲攀爬前进。大眼幼体也是杂食性的,性情凶猛,能捕食比它自身大的浮游动物。在游泳的行动中或静止不动时,都能用大螯捕食。蟹苗在河口浅海往往借助于潮汐的作用,成群顶风溯流而上,形成一年一度的蟹苗汛期。大眼幼体的鳃部发育已经比较完善,可以离开水生活一段时间,最长可达48~72小时,在购买蟹苗时就是利用这种特点进行蟹苗长途干法运输的。

27. 河蟹的幼蟹期分为哪几个阶段?

仔蟹、扣蟹是幼蟹发育中的两个阶段,通称为幼蟹。仔幼蟹培育就是将大眼幼体培育成幼蟹的过程。从大眼幼体经过1次蜕皮后变成了Ⅰ期幼蟹,通常称为Ⅰ期仔蟹,依此类推,将前4次蜕壳而变成的4期幼蟹分别称为Ⅰ期、Ⅱ期、Ⅲ期、Ⅳ期仔蟹,其个体重量不足100毫克,背甲长为2.9~6毫米,背甲宽为2.6~6.5毫米,外形已接近成蟹成为椭圆形,因其个体小,仅有黄豆般大小,故俗称豆蟹(图5)。

从Ⅳ期变态至Ⅶ期幼蟹时,幼蟹的重量为5~8克,背甲长8~10.8毫米,背甲宽8.7~11.9毫米,也因其个体与衣服扣子大小、形状相似而称为扣蟹,也称一龄蟹种。

幼蟹的额缘呈两个半圆形凸起,腹部折叠在头胸部下方,俗称蟹脐。腹肢在雄性个体已有分化,转化为2对交接器,雌性共有4对。幼蟹用步足爬行和游泳,开始掘洞穴居,因此在

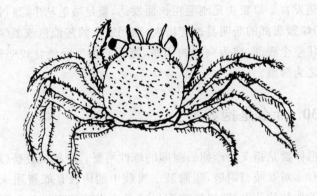

图 5　Ⅰ期幼蟹

人工育成时,尽可能减少穴居蟹的数量,以防"乌小蟹""懒蟹"的形成。

　　Ⅰ期幼蟹经过 5 天左右开始第一次蜕壳,以后随着个体不断生长,幼蟹蜕壳间隔时间也逐渐拉长,体形逐渐近似方形,宽略大于长,额缘逐渐演变出 4 个额齿,具有了成蟹的外形。

28. 什么是黄蟹?

　　通常人们所说的成蟹包括黄蟹和绿蟹,成蟹即性腺成熟的蟹。在河蟹生殖洄游之前,尽管其性腺还没有完全成熟,但人们在品尝熟蟹时仍能感到味道鲜美,因而也把它列入成蟹之列。此时,雄蟹的步足上刚毛比较稀疏,雌蟹的腹部尚未长满,即尚不能覆盖腹脐的腹面,蟹壳的颜色略带黄色,人们称之为黄蟹。

29. 什么是绿蟹?

　　黄蟹在洄游过程中再进行其生命历程中的最后一次蜕壳,性腺迅速发育。雄蟹步足刚毛粗长而发达,螯足绒毛丛生,显得大而稳健;雌蟹腹部的脐明显加宽增大,四周密生的酱油色或墨绿色绒毛盖住整个腹部,成为典型的团脐,蟹壳转为墨绿色且较坚硬,人们称之为绿蟹。

30. 什么是抱卵蟹?

抱卵蟹是指交配产卵后抱卵的雌性河蟹。雌蟹的腹脐(腹部)内侧有 4 对双肢型附肢,叫腹肢。腹肢中的内肢是雌蟹用来产卵时附着卵粒的地方,即河蟹交配受精后产出的卵不像鱼卵那样散于水中,而是先堆集于雌蟹腹部,然后再黏附于内肢的刚毛上孵育。这种附肢附着受精卵的雌蟹,因形似抱着卵一样,而被称之为抱卵蟹。抱卵蟹经春末夏初自然孵化后就死亡。

31. 软壳蟹有哪些特点?

河蟹的生长总是伴随着蜕皮、蜕壳而进行的,幼蟹或黄蟹不仅蜕去坚硬的外壳,它的胃、鳃、前肠、后肠等内脏也一同蜕去。刚蜕壳后的新蟹体色新鲜,螯足绒毛呈粉红色,活动能力较弱,全身柔软,无摄食和防御抵抗能力,称之为软壳蟹或蜕壳蟹。软壳蟹往往成为蟹类互相残食的主要牺牲者。新壳在一昼夜后即可钙化达到一定的硬度而恢复正常活动。黄蟹最后一次蜕壳变为绿蟹后,不再蜕壳。

二、河蟹的池塘养殖技术

32. 池塘养殖河蟹有哪几种方式？

河蟹的池塘养殖是目前比较成功且效益较稳定的一种养殖模式，在池塘中的养殖也可以分为专养、套养、混养、轮养等多种类型。不同类型所要求的池塘条件略有不同，掌握技术的难易程度也不一样，产生的经济效益差别很大。

对于池塘精养河蟹来说，要想取得较好的经济效益，必须做好各方面的工作，这些工作主要包括科学投放蟹种、科学混养其他鱼类、科学投喂配合饵料、科学防逃、科学管理水质、科学防治疾病、科学捕捞等。

33. 如何选择养蟹池塘？

养蟹池应选择建在靠近水源，灌排水均十分方便的地方，要求水质良好，符合养殖用水标准，无污染，池底平坦，底质以壤土为好，池坡土质较硬，底部淤泥层不超过 10 厘米，池塘保水性好。池埂顶宽 2.5 米以上，池塘水面不宜过大，以 3 335～33 350 米² 为宜，长方形，水深 1～1.5 米。面积太小，水温变化快，不利于河蟹在相对稳定的环境里生长。连片养殖区进、排水渠要分开，以免发病时交叉感染。环境安静，远离村庄和公路。

34. 养蟹池塘对进、排水系统有哪些要求？

对于大面积连片蟹池的进、排水总渠应分开，按照高灌低排的格局，建好进、排水渠，做到灌得进，排得出，定期对进、排水总渠进行整修消毒。池塘的进、排水口应用双层密网防逃，同时也能有效地防止蛙卵、野杂鱼卵及幼体进入池塘危害蜕壳蟹。为了防止夏天雨季冲毁堤埂，可以开设一个溢水口，溢水口也用双层密网过滤，防止河蟹乘机顶水逃走。

35. 养蟹池塘应如何改造？

对于面积在 13 340 米^2 以下的河蟹池，应改平底形为环沟形或井字形。对于面积在 13 340 米^2 以上的蟹池，应改平底形为交错沟形。沟的面积占蟹池总面积的 30%～35%，沟处可保持水深 1.2～1.5 米，沟底向出水口倾斜，平滩处可保持水深 0.5～0.8 米。加大池埂坡比，池埂坡比以 1:2.5～3 为宜，缓坡河蟹不易打洞。这些池塘改造工作应结合年底清塘清淤时一起进行(图6)。

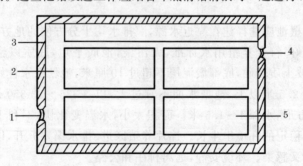

图6 蟹沟示意

1.进水口 2.蟹沟 3.田埂 4.出水口 5.平滩

36. 如何清整养蟹池塘？

定期对池塘进行清整，从养殖的角度上来看，有 3 个好处：一是通过清整池塘能杀灭水中和底泥中的各种病原菌、寄生虫等，减少河蟹疾病的发生概率；二是可以杀灭对幼蟹有害的生物如蛇、鼠和水生昆虫，争食的野杂鱼类如鲶鱼、泥鳅、乌鳢等；三是通过清整后，可以将池塘的淤泥清理出来，一方面可用于加固池埂，还可以利用填在池埂上的淤泥种植苏丹草、黑麦草等青绿饵料，解决河蟹的饵料来源问题。

池塘清整最好是在春节前的深冬季节进行，可以选择冬季的晴天来清整池塘，以便有足够的时间进行池底的暴晒。

清整方法：新开挖的池塘要平整塘底，清整塘埂，使池底和池壁有良好的保水性能，尽可能减少池水的渗漏。

旧塘要在河蟹起捕后先将池塘里的水排干净，注意保留塘边的杂草，然后将池底在阳光下暴晒 1 周左右，等池底出现龟裂时，可挖去过多的淤泥，把塘泥用来加固池埂，修补裂缝，并用铁锹或木槌打实，防止渗水、漏水，为翌年池塘注水和放养前的清塘消毒做好准备。

37. 养蟹池塘为什么要清塘消毒？

养蟹时的清塘消毒关至关重要，基础细节做得不扎实，就会增加养殖风险，甚至酿成严重亏本的后果。清塘的目的是为消除养殖隐患，是健康养殖的基础工作，对种苗的成活率和健康生长起着关键性的作用。

38. 生石灰清塘有哪些优点？

生石灰也就是我们所说的石灰膏，是砌房造屋的必备原料之一，因此其来源非常广泛，几乎所有的地方都有，而且价格低廉，是目前用于清塘消毒最有效的方法。用生石灰清塘消毒，具有以下优点。

(1)起到灭害作用 用生石灰清塘时，通过与底泥混合，能迅速杀死隐藏在底泥中的泥鳅、黄鳝、乌鳢等各种杂害鱼，龙虾等有攻击性的水生动物，水螅、水鳖虫等水生昆虫及其虫卵，青苔、绿藻等一些水生植物，鱼类寄生虫、病原菌及其孢子和老鼠、水蛇、青蛙等敌害，减少疾病的发生和传染，改善河蟹栖息的生态环境，是其他清塘药物无法取代的。

(2)有利于改良水质 由于生石灰清塘时，能放出强碱性物质，因此清塘后水的碱性就会明显增强。这种碱性能通过絮凝作用使水中悬浮状的有机质快速沉淀，对浑浊的池水能适当起到澄清作用，这非常有利于浮游生物的繁殖，而浮游生物又是河蟹的天然饵料之一，因此有利于促进河蟹的生长。

(3)有改良土质和肥水效果 生石灰清塘时，遇水作用产生氢氧化钙，氢氧化钙继续吸收水生动物呼吸作用放出的二氧化碳，生成碳酸钙沉入池底。这一方面可以有效降低水体中二氧化碳的含量，另一方面碳酸钙能起到疏松土层的效果，改善底泥的通气条件，同时能加速细菌分解有机质的作用，并能快速释放出长期被淤泥吸附的氮、磷、钾等营养盐类，从而增加了水的肥度，可让池水变肥，间接起到施肥作用，可促进河蟹天然饵料的繁育。

实践证明，在经常施用生石灰的池塘，河蟹生长快，个体大，而且发病率也低。

39. 如何利用生石灰进行干法清塘？

生石灰清塘可分干法清塘和带水清塘两种方法。通常都是使用干法清塘，在水源不方便或无法排干水的池塘才用带水清塘法。

在蟹种放养前20~30天，排出池水，保留水深5厘米左右，在池底四周和中间多选几个点，挖成一个个小坑，小坑的面积约2米²即可，将生石灰倒入小坑内，用量为每667米²池塘用生石灰40千克左右，加水后生石灰会立即溶化成石灰浆水，同时会放出大量烟气和发出"咕嘟咕嘟"的声音，这时要趁热向四周均匀泼洒，边缘和鱼池中心以及洞穴都要洒到。为了提高消毒效果，翌日可用铁耙再将池底淤泥耙动一下，使石灰浆和淤泥充分混合，否则泥鳅、乌鳢和黄鳝钻入泥中不易被杀死。然后再经3~5天晒塘后，灌入新水，经试水确认无毒后，即可投放蟹种。

40. 如何利用生石灰进行带水清塘？

对于那些排水不方便或是为了尽快使用池塘时，可采用带水清塘的方法。这种消毒措施速度快，效果也好，缺点是生石灰用量较多。

幼蟹投放前15天，每667米²水面，水深50厘米时，用生石灰150千克溶于水中，放入大木盆、小木船、塑料桶等容器中化成石灰浆，操作人员穿防水裤下水，将石灰浆全池均匀泼洒（包括池坡），蟹沟处用耙翻1次，用带水法清塘虽然工作量大一点，但它的效果很好，可以把石灰水直接灌进池埂边的鼠洞、蛇洞、泥鳅洞和鳝洞里，彻底杀死敌害生物。

41. 如何利用漂白粉带水清塘？

与生石灰清塘一样,漂白粉清塘也有干法清塘和带水清塘两种方式。使用漂白粉要根据池塘水量的多少决定用量,防止用量过大将塘内的螺蛳杀死。

在用漂白粉带水清塘时,要求水深保持在 0.5～1 米,漂白粉的用量为每 667 米² 水面用 10～15 千克,先在木桶或瓷盆内加水,将漂白粉化开后,全池均匀泼洒,也可将漂白粉顺风撒入水中即可,然后划动池水,使药物分布均匀。一般用漂白粉清塘消毒后 3～5 天即可注入新水和施肥,再过 2～3 天后,即可投放河蟹进行饲养。

42. 如何利用漂白粉进行干法清塘？

在使用漂白粉干塘消毒时,每 667 米² 水面用量为 5～10 千克,使用时先用木桶加水将漂白粉完全溶化后,全池均匀泼洒即可。

43. 如何利用生石灰和漂白粉交替清塘？

有时为了提高效果,降低成本,就采用生石灰、漂白粉交替清塘的方法,比单独使用漂白粉或生石灰清塘效果好。也分为带水消毒和干法消毒两种,带水清塘,水深 1 米时,每 667 米² 水面用生石灰 60～75 千克,加漂白粉 5～7 千克。

干法清塘,保持水深在 10 厘米左右,每 667 米² 水面用生石灰 30～35 千克加漂白粉 2～3 千克,化水后趁热全池泼洒。使用方法与前面两种相同,7 天后即可放蟹,效果比单用一种药物更好。

44. 如何利用漂白精清塘消毒？

干法消毒时，可排干池水，每 667 米² 水面用含有效氯 60%～70% 的漂白精 2～2.5 千克。

带水消毒时，每 667 米² 水面、每米水深用含有效氯 60%～70% 的漂白精 6～7 千克。使用时，先将漂白精放入木盆或搪瓷盆内，加水稀释后全池均匀泼洒。

45. 如何利用茶粕清塘消毒？

茶粕是广东、广西两地常用的清塘药物。它是山茶科植物油茶、茶梅或广宁茶的果实榨油后所剩余的渣滓，形状与菜饼相似，又叫茶籽饼。茶粕所含的皂苷，是一种溶血性毒素，能溶化动物的红细胞而使其死亡。水深 1 米时，每 667 米² 水面用茶粕 25 千克，将茶粕捣成小碎块，放入容器中加热水浸泡一昼夜，然后加水稀释连渣带汁全池均匀泼洒。在消毒 10 天后，毒性基本消失，可以投放幼蟹进行养殖。

应注意的是，在选择茶粕时，尽可能地选择黑中带红、有刺激性、很脆的优质茶粕，这种茶粕药性大，消毒效果好。

46. 如何利用生石灰和茶碱混合清塘？

此法适合池塘进水后使用，把生石灰和茶碱放进水中化开后，全池泼洒，每 667 米² 水面用生石灰 50 千克、茶碱 10～15 千克。

47. 如何利用鱼藤酮清塘?

鱼藤酮又名鱼藤精,是从豆科植物鱼藤和毛鱼藤的根皮中提取的,能溶解于有机溶剂,对害虫有触杀和胃毒作用,对鱼类有剧毒。使用含量为 7.5% 的鱼藤酮原液,水深 1 米时,每 667 米² 水面使用 700 毫升,加水稀释后装入喷雾器中遍池喷洒,能杀灭几乎所有的敌害鱼类和部分水生昆虫,对浮游生物和寄生虫杀灭作用较差。7 天左右毒性消失后即可投放幼蟹。

48. 如何利用巴豆清塘?

巴豆是江浙一带常用的清塘药物,近年来已很少使用,而被生石灰等取代。巴豆是大戟科植物的果实,所含的巴豆素是一种凝血性毒素,只能杀死大部分敌害杂鱼,能使鱼类的血液凝固而死亡。对致病菌、寄生虫、水生昆虫等没有杀灭作用,也没有改善土壤的作用。

在水深 10 厘米时,每 667 米² 水面用 5～7 千克。将巴豆捣碎磨细装入罐中,也可以浸水磨碎成糊状装进酒坛,加烧酒 100 毫升或用 3% 食盐水密封浸泡 2～3 天,用池水稀释后连渣带汁全池均匀泼洒。10～15 天后,再注水 1 米深,待 7～10 天后药性彻底消失即可放养幼蟹。

应注意的是,由于巴豆对人体毒性很大,施用巴豆池塘附近的蔬菜等,需要过 5～6 天以后才能食用。

49. 如何利用氨水清塘?

氨水是一种挥发性液体,一般含氮 12.5%～20%,是一种碱性物质,将其泼洒到池塘里,能迅速杀死水中的鱼类和大多数的水生昆虫。使用方法是:在水深 10 厘米时,每 667 米² 水面用量 60 千克。在使用时要同时加 3 倍左右的塘泥,目的是减少氨水的挥发,防止药性消失过快。一般是在使用 1 周后药性基本消失,这时就可以放养幼蟹了。

50. 如何利用二氧化氯清塘?

二氧化氯消毒是近年来才渐渐被养殖户所接受的一种消毒方式,其使用方法是先引入水源后再用二氧化氯消毒,用量为每 667 米² 水面、每米水深用 10～20 千克,施药后 7～10 天放苗。该方法能有效杀死浮游生物、野杂鱼虾类等,防止蓝藻、绿藻大量滋生。放苗之前一定要试水,确定安全后才可放苗。值得注意的是,由于二氧化氯具有较强的氧化性,加上它易爆炸,容易发生危险事故,因此在贮存和消毒时一定要做好安全工作。

51. 清塘后为什么要及时进行水体解毒?

在应用各种药物对水体进行消毒杀菌,除去杂鱼、杂虾、杂蟹等后,池塘里会有各种毒性物质存在,这时必须先对水体进行解毒后方可用于池塘养殖。

解毒的目的就是降解消毒药物的残毒以及重金属、亚硝酸盐、硫化氢、氨氮、甲烷和其他有害物质的毒性,可在消毒除杂的 5 天后泼洒卓越净水王、解毒超爽或其他有效解毒药剂。

52. 放养蟹种前如何试水?

试水就是测试水体中是否还有毒性,这在水产养殖中是经常应用的一项小技巧。蟹种比较贵重也比较娇嫩,因此试水工作就显得尤为重要。

试水的方法是:在消毒后的池子里放一只小网箱,在预计毒性已经消失的时间,在小网箱中放入 40 只蟹种,如果在 1 天(即 24 小时)内,网箱里的蟹种既没有死亡也没有任何不适反应,就说明药物毒性已经全部消失,这时就可以大量放养蟹种了。如果 24 小时内仍然有试水的蟹种死亡,就说明毒性还没有完全消失,这时可以再换水 1/3~1/2,然后过 1~2 天再试水,直到完全安全后再放养蟹种。

53. 如何培植有益微生物种群?

培植有益微生物种群,不仅能抑制病原微生物的生长繁殖,消除健康养殖隐患,还可将塘底有机物和生物尸体通过生物降解转化成藻类、水草所需的营养盐类,为肥水培藻、强壮水草奠定良好的基础。在解毒 3~5 小时后,就可以采用有益微生物制剂如水底双改、底改灵、底改王等药物按使用说明全池泼洒,目的是快速培植有益微生物种群,用来分解消毒杀死的各种生物尸体,避免二次污染,消除病原隐患。

如果不用有益微生物对消毒杀死的生物尸体进行彻底分解或消解,则那些具有抗体的病原微生物待消毒药效过期后就会复活,而且它们会在复活后利用残留的生物尸体作为培养基大量繁殖。而病原微生物复活的时间恰好是河蟹蜕壳最频繁的时期,蜕壳时河蟹活力弱,免疫力低下,抗病能力差,病原微生物极易侵入蟹体,容易引发病害。所以,我们必须在用药后及时解毒和培育有益微生物种群。

54. 肥水培藻有哪些重要性?

肥水培藻是河蟹养殖中的一个新问题,实际上就是在放苗前通过施基肥达到让水肥起来的目的,同时还可培育有益藻相,这在以前的河蟹养殖中并没有引起重视。随着河蟹养殖技术的日益发展,人们越来越重视这个问题,认为肥水培藻是河蟹养殖过程中一个至关重要的环节,其做得好坏不仅关系到蟹种的成活率和健康状况,而且还关系到养殖过程中河蟹的抗应激和抗病害能力及河蟹回捕率的高低,更关系到养殖产量乃至养殖成败。因此,笔者在这里特别建议各位养蟹户一定要重视这个技术措施。

生产实践表明,水质和藻相的好坏,直接关系到河蟹对生存环境的应激反应。例如,河蟹生活在水质爽活、藻相稳定的水体中,水体里面的溶氧量和 pH 通常是正常稳定的,而且水体中的氨氮、硫化氢、亚硝酸盐、甲烷、重金属等一般不会超标,河蟹在这种环境里健康生长,才能实现养大蟹、养好蟹、养优质蟹的目的。反之,如果水质条件差,藻相不稳定,那么水中有毒有害的物质就会明显增加,同时水体中的溶氧量偏低,pH 不稳定,会直接导致河蟹容易应激生病。

55. 良好的藻相有哪些重要作用?

肥水就是通过向池塘里施加肥料的方法来培育良好的藻相。良好的藻相具有三方面作用。一是良好的藻相能有效起到解毒、净水的作用,主要是有益藻群能吸收水体环境中的有害物质,起到净化水质的效果。二是有益藻群可以通过光合作用,吸收水体内的二氧化碳,同时向水体释放出大量的溶解氧。据测试,水体中70%左右的氧是有益藻类和水草产生的。三是有益藻类自身或是以有益藻类为食的浮游动物,它们都是蟹种喜食的天然优质饵料。

56. 培育优良水质和藻相的方法有哪些?

培育优良水质和藻相的关键是施足肥料,如果肥料不施足,肥力就不够,营养供不上,藻相活力弱,新陈代谢低下,水质容易清瘦,不利于蟹苗、蟹种的健康生长,当然也就养不好河蟹。

目前,河蟹养殖时用于培育水质的肥料大多为生物肥、有机肥或专用培藻膏,各个生产厂家生产的肥料名称各异,培肥效果也有很大差别。本书介绍的一些肥料和药品是目前在市场上较为实用有效的水产专用生物肥和药品,具体用法和用量可参考产品说明书,如不按操作规程和药物说明书使用,造成的后果与本书无关,特此申明。例如,可采用1包酵素钙肥、1桶六抗培藻膏和1包特力钙混合加水后全池泼洒,可泼洒 5 336~6 670 米² 水面。2 天后,用粉剂活菌王来稳定水色,每包粉剂活菌王可肥水 667~1 334 米²。

勤施追肥保住水色是培育优良水质和藻相的重要技巧,可在投种后 1 个月的时间里勤施追肥。追肥可使用市售的专用肥水膏和培藻膏,具体用量和用法是:前 10 天,每 3~5 天追施 1 次,后 20 天每 7~10 天追施 1 次,在施肥时讲究少量多次的原则,这样既可保证藻相营养的供给,也可避免过量施肥造成浪费,或施肥太猛导致水质过浓、不便管理。在生产中,追肥通常使用六抗培藻膏或藻幸福,每桶六抗培藻膏可肥水 5 336~6 670 米²,每桶藻幸福可肥水 4 002~5 336 米²,然后用黑金神和粉剂活菌王维持水色,用量为 1 包黑金神配 2 包粉剂活菌王,浸泡后用于 5 336~6 670 米² 水面。

57. 低温寡照时如何肥水培藻？

低温寡照的情况主要发生在早春时节，是河蟹养殖刚刚进入生产期时常会发生的现象。由于气温低，导致池塘里水温偏低，加上早春时自然光照弱，且在冬闲季节清塘消毒后空塘时间过长，多种因素叠加在一起，共同发生作用，导致蟹池里的清塘药残难以消除，水体中有机质缺乏，会对肥水培藻产生不利影响。而大多数养殖户只看到表面现象，并不会究其根源，因此看到池水不肥，就一味地盲目施肥，甚至施猛肥、施大肥，直接将大量鸡粪施在河蟹养殖池塘里，其结果可想而知，并不会有太明显的效果。而更为严重的是，大量鸡粪施入池塘，容易导致养殖中后期塘底产生大量泥皮、青苔、丝状藻，从而引发池塘水质和底质出现问题，最终导致河蟹病害横行。

池塘水温太低时施肥效果不明显，已经成为共识，除了上述原因外，还有两方面的原因。一方面是当水温太低时，藻类的活性受到抑制，它们的生长发育也受到抑制，这时候如果采用单一无机肥或有机无机复混肥来肥水培藻，一般都不会有太明显的效果。另一方面是在水温太低时，池塘里刚施放进去的肥料养分易受絮凝作用，向下沉入塘底，由于底泥刚刚清淤消毒，底层中的有机质缺乏，导致这些刚刚到达底层中的养分易渗漏流失，有的养分沉积于底泥中，水表层的藻类很难吸收到养分，所以肥水培藻很困难。

采取的对策如下。

(1) 解毒 用净水药剂来解毒，用量参照说明书，在早期低温时可适当加大 10% 的用量，常用的有净水王等，每瓶可用于 2 001～3 335 米^2 水面。

(2) 及时施足基肥 在解毒后第二天就可以施基肥了，这时的基肥与常规的农家肥是有区别的，它是一种速效的生化肥料，按每

3 335～5 336 米² 水面用 1 包酵素钙肥和 2 瓶藻激活配 1 桶六抗培藻膏的用量使用,也可以配合使用其他生产厂家的相应肥料。

(3)勤施追肥　在肥水 3 天后,就开始施用追肥,由于水温低,肥水难度大,用常规的肥水技术很难见效。可用 1 包卓越黑金神和 2 瓶藻激活配合 1 桶藻幸福或 1 桶六抗培藻膏,制成专用的生物追肥,用于 5 336～6 670 米² 水面。

值得注意的是,采用这种技术来施肥,虽然成本略高,但肥水和稳定水色的效果明显,有利于早期河蟹的健康养殖,为以后的养殖生产打下坚实的基础。

58. 水体中重金属含量超标时如何肥水培藻?

水体中的常规重金属超标,可以通过水质测试剂来检测。这些过多的重金属可以与肥料中的养分结合并沉积在池底,从而造成肥水培藻的效果不好。

采取的对策如下。

(1)立即解毒　用净水药剂来解毒。

(2)施足基肥　在解毒后第二天就可以施基肥了,可以配合使用相应专用生化肥料,具体的使用配方可请教相关技术人员。

(3)勤施追肥　在肥水 3 天后开始施用追肥,追施专用的生化肥料,用量可参考各生产厂家的使用说明书。

59. 水体中亚硝酸盐偏高时如何肥水培藻?

水体里亚硝酸盐是否偏高,可以用水质测试仪快速测定出来,测试方法简单方便。

采取的对策如下。

(1)立即降低水体中亚硝酸盐含量　可使用化学药剂,也可配合使用生物制剂。这里推荐一个目前常用的方法,可采用亚硝快克配合六抗培藻膏,方法是将亚硝快克与六抗培藻膏加 10 倍水混合浸泡 3 小时左右全池泼洒,每 667 米² 水面、每米水深用亚硝快克 1 包、六抗培藻膏 1 千克。

(2)施基肥 在施用降亚硝酸盐的第二天开始施加基肥,可按每 3 335～5 336 米² 水面用 1 包酵素钙肥、2 瓶藻激活、1 桶六抗培藻膏的量,加水混合全池均匀泼洒。

(3)追施肥 在用基肥肥水 3～4 天后,开始施追肥,可用卓越黑金神浸泡后配合藻激活、藻幸福或者六抗培藻膏追肥并稳定水色。

60. 水体 pH 过高或过低时如何肥水培藻?

(1)调整 pH 当 pH 偏高时,应用生化产品将 pH 及时降下来。例如,可按 4 002～5 336 米² 水面计算施用药品用量,将六抗培藻膏 1 桶、净水王 2 瓶、红糖 2.5 千克混在一起使用;当 pH 偏低时,直接用生石灰兑水后趁热全池泼洒来调高 pH,生石灰的用量根据 pH 的情况酌情而定,一般用量为 8～15 千克/667 米²。待pH 调至 7.8 以下时施基肥和追肥。

(2)施足基肥 待 pH 调至 7.8 以下时,最好能到 7.5,就可以施基肥了,每 3 335～5 336 米² 水面用 1 包酵素钙肥、2 瓶藻激活和 1 桶六抗培藻膏,也可以配合使用其他生产厂家的相应肥料。

(3)勤 施 追 肥 在肥水 3 天后,就开始施用生化追肥,每5 336～6 670 米² 水面可用 1 包卓越黑金神、2 瓶藻激活和 1 桶藻幸福或 1 桶六抗培藻膏追肥。

61. 消毒药物残留过多时如何肥水培藻？

在早期对河蟹池塘进行消毒时，如消毒药剂用量过大，会造成池塘换水 2～3 次后，池水仍然留有一定的药物残余，这时就会影响肥水培藻的效果。

采取的对策：①暴晒。在河蟹池塘消毒清塘后，如果发现池塘里还有残余药物时，就要排干池塘里的水，再适当延长空塘暴晒时间，一般为 1 周左右，然后再进水。②及时解毒。可用各种市售的池塘专用解毒剂来进行解毒，用量和用法请参考说明书。③及时施用基肥和施用追肥，使用方法同前所述。

62. 用深井水作水源时如何肥水培藻？

用深井水养殖河蟹，这在河蟹精养区常见，因为这类养殖区内，通常水源的进、排水系统并不完善，造成水源易受到一定程度的污染，因此许多养殖户就自己打井，用深井水作为养殖水源。这种深井水虽然避免了养殖区内水源相互交叉感染，但也存在水源缺少氧气，富含矿物质，对肥水培藻有一定影响的问题。

采取的对策：①曝气增氧。在池塘进水后，开启增氧机曝气 3 天，以增加池塘水体的溶氧量。②解除重金属。用特定的药品来解除重金属，用量和用法请参考使用说明书。例如，可用净水王，每瓶可用于 1 334～2 001 米^2 水面。③引进新水。在解除重金属 3 小时后，引进 5 厘米深的含藻新水。④及时施用基肥和施用追肥，使用方法同前文所述。

63. 引用受污染水源时如何肥水培藻？

这种情况主要发生在两种地方，一种是靠近工业区的养殖池，附近的水源已经被工业排出的废水污染了；另一种情况就是在高产养殖区，由于用水是共同的途径，有的养殖户无意间将池塘里的养殖水源直接排进了进水渠道，结果导致养殖小区里水源相互污染。

采取的对策：①解毒。用特定的药品来解毒，用量和用法请参考使用说明书。②引进新水。在解毒 3 小时后，引进 5 厘米深的含藻新水。③及时施用基肥和施用追肥，使用方法均同前文所述。

64. 池塘底质老化时如何肥水培藻？

底质老化，底部的矿物质和微量元素缺乏时，会影响肥水效果。这种情况主要发生在常年养殖而且没有很好地清淤修整的池塘，这种池塘底质老化，有利于藻类生长发育的矿物质和微量元素缺乏，而对藻类生长有抑制作用的矿物质却大量存在，因此肥水效果不好。

采取的对策：①解毒。用特定的药品来解毒，用量和用法请参考使用说明书。例如，可用解毒超爽或净水王解毒，每瓶可用于 $2\,001\sim2\,668$ 米^2 水面。②及时施用基肥和施用追肥，使用方法均同前文所述。

65. 池塘水体浑浊时如何肥水培藻？

导致这种情况发生的原因很多，发生的季节和时间也很多，尤其是在大雨后的初夏时节更易发生。主要表现是池塘里白浪滔天,池水严重浑浊,水体中的有益藻类严重缺乏,这时施肥几乎没有效果。

采取的对策:①解毒。用特定的药品来解毒,用量和用法请参考使用说明书。②引进新水。在解毒 3 小时后,引进 5 厘米深的含藻新水。③及时施用基肥和施用追肥,使用方法均同前文所述。

值得注意的是,发生这种情况时,最好在晴天的上午 10 时左右施用肥料。

66. 养殖池塘塘底有青苔、泥皮、丝状藻时如何肥水培藻?

这种情况几乎发生在河蟹的整个生长期,尤其是以早春的青苔和初秋的泥皮最为严重。

采取的对策:①消灭青苔、泥皮、丝状藻。如果发现塘底青苔和丝状藻太多,可先用人工尽可能捞干净,然后再采取生化药品来处理,既安全,效果又明显。不要直接用硫酸铜等化学药品来消除青苔和丝状藻,因为化学药品虽然对青苔、丝状藻和泥皮效果明显,但是对蟹种会产生严重的药害。另外,硫酸铜等化学药品对肥水不利,也对已栽的水草不利,故不宜采用。可用生化药品,各地均有销售,用量和用法请参考使用说明书。这里介绍一种使用较多的方法,仅供参考。先将黑金神配合粉剂活菌王和藻健康(无须添加红糖),混合浸泡 3～12 小时后全池均匀泼洒,1 包黑金神加 2 包粉剂活菌王可用于 2 001～3 335 米² 的水面。②及时施用基肥和施用追肥,使用方法均同前文所述。

67. 新塘如何肥水培藻?

这种情况发生在刚刚开挖还没有开始养殖的新塘里,由于是刚开挖的池塘,底池基本上是一片黄土或白板泥,没有任何淤泥,水体中少有藻类和有机质,因此用常规的方法和剂量来肥水培藻效果肯定不理想。

采取的对策:①引进藻源。引进3～5厘米深的含藻种的水源,也可以直接购买市售的藻种,经过活化后投放到池塘里,用量可增加10%左右。②促进有益藻群的生长,可泼洒特定的生化药品来促进有益藻群的生长,用量和用法请参考使用说明书。这里介绍一种方法,仅供参考。可以泼洒卓越黑金神和粉剂活菌王,用法是黑金神1包、粉剂活菌王2包、藻健康1包,加水混合浸泡,可以泼洒2 001～3 335米² 水面。③及时施用基肥和施用追肥,使用方法均同前文所述。

68. 河蟹逃逸有哪些特点?

河蟹的逃逸能力比较强,一般来说,河蟹逃逸有4个特点:一是生殖洄游时容易引起大量逃逸。在每年的"霜降"前后,生长在各种水域中的河蟹,都要千方百计逃逸。二是由于生活和生态环境改变而引起大量逃逸。河蟹对新环境不适应,就会引发逃逸,通常持续1周的时间,以前3天最多。三是水质恶化迫使河蟹寻找适宜的水域环境而逃走。有时天气突然变化,特别是在风雨交加时,河蟹就会逃逸。四是在饵料严重匮乏时,河蟹也会逃跑。因此,笔者建议在河蟹放养前一定要做好防逃设施。

69. 养蟹池塘中常用的防逃设施有哪几种?

防逃设施有多种,常用的有两种,一是安插高45厘米的硬质钙塑板作为防逃板,埋入田埂泥土中约15厘米,每隔100厘米处用一木桩固定。注意四角应做成弧形,防止河蟹沿夹角攀爬外逃;

第二种防逃设施是采用麻布网片、尼龙网片或有机纱窗,与硬质塑料薄膜共同防逃,用高 50 厘米的网片或有机纱窗围在池埂四周,用质量好的直径为 4～5 毫米的聚乙烯绳作为上纲,缝在网布的上缘,缝制时纲绳必须拉紧,针线从纲绳中穿过。然后选取长度为 1.5～1.8 米的木桩或毛竹,削掉毛刺,打入泥土中的一端削成锥形,或锯成斜口,沿池埂将桩打入土中 50～60 厘米,桩间距 3 米左右,并使桩与桩之间呈直线排列,池塘拐角处呈圆弧形。将网的上纲固定在木桩上,使网高保持不低于 40 厘米,然后在网上部距顶端 10 厘米处再缝上一条宽 25 厘米的硬质塑料薄膜即可,针距以小蟹逃不出为准,针线拉紧。

70. 水草对河蟹养殖有哪些重要作用?

"蟹多少,看水草"。水草是河蟹隐蔽、栖息、蜕皮(壳)生长的理想场所,水草也能净化水质,降低水体的肥度,对提高水体透明度、促使水环境清新有重要作用。同时,在养殖过程中,有可能发生投喂饵料不足的情况,水草可作为河蟹的部分饵料。在实际养殖中,我们发现种植水草能有效提高河蟹的成活率、养殖产量和产出优质商品河蟹。

71. 在养蟹池塘里如何种植水草?

河蟹喜欢的水草种类有伊乐藻、苦草、马来眼子菜、轮叶黑藻、金鱼藻、凤眼莲、水浮莲和水花生以及陆生的草类等,水草的种植可根据不同情况而有一定差异。一是沿池四周浅水处 10%～20%的面积种植水草,既可供河蟹摄食,为河蟹提供隐蔽、栖息的理想场所,同时也是河蟹蜕壳的良好环境;二是在池塘中央提前栽培伊乐藻或苴草;三是在水中央移植水花生或凤眼莲;四是临时投放草把,方法是把水草扎成团,大小为 1 米^2 左右,用绳子和石块固定在水底或浮在水面,每 667 米^2 可放 25 处左右,也可用草框把水花生、空心菜、水浮莲等固定在水中央。但种植水草的总面积要控制好,一般以不超过池塘总面积的 2/3 为宜,否则会因水草过度茂盛,在夜间使池水缺氧而影响河蟹的正常生长。

72. 在养蟹池塘中放养螺蛳有哪些作用?

螺蛳是河蟹很重要的动物性饵料,螺蛳的价格较低,来源广泛,全国各地几乎所有水域中都会自然生存大量的螺蛳。向蟹池中投放螺蛳一方面可以改善、净化池塘底质,另一方面可以补充动物性饵料,具有明显降低养殖成本、增加产量、改善河蟹品质的作用,从而提高养殖户的经济效益。

螺蛳不但稚嫩鲜美,而且营养丰富,利用率较高,是河蟹最喜食的理想优质鲜活动物性饵料。据测定,鲜螺体中含干物质5.2%,干物质中含粗蛋白质 55.35%,粗灰分 15.42%,其中含钙5.22%,磷 0.42%,盐分 4.56%,含有赖氨酸 2.84%,蛋氨酸和胱氨酸 2.33%,同时还含有丰富的 B 族维生素和矿物质等营养物质。此外,螺蛳壳中除含有少量蛋白质外,其矿物质含量高达88%左右,其中含钙 37%,钠盐 4%,磷 0.3%,同时还含有多种微量元素。所以,在饲养过程中,螺蛳既能为河蟹的整个生长过程提供源源不断的、适口的、富含活性蛋白质和多种活性物质的天然饵料,促进河蟹快速生长,提高成蟹上市规格;同时,螺蛳壳与贝壳一样是矿物质饵料,能提供大量的钙质,对促进河蟹的蜕壳起到很大的辅助作用。

在河蟹养殖池中,可适时适量投放活的螺蛳,利用螺蛳自身繁殖力强、繁殖周期短的优势,任其在池塘里自然繁殖。大量繁殖的螺蛳以摄食浮游动物残体和细菌、腐屑等为食,因此能有效降低池塘中浮游生物的含量,可以起到净化水质、保持水质清新的作用。在螺蛳和水草比较多的池塘里,通常水质都比较清新、爽嫩。

73. 如何选择放养的螺蛳?

螺蛳可以在市场上直接购买,而且每年在养殖区里都会有专门贩卖螺蛳的商户,但是对于条件许可、劳动力丰富的养殖户,笔者建议最好是自己到沟渠、鱼塘、河流里捕捞,既方便又节约资金,更重要的是从市场上购买的螺蛳不新鲜,活动能力弱。

如果是购买的螺蛳,要认真挑选,注意选择优质的螺蛳。可以根据以下几点来选择。

第一,要选择螺色青淡、壳薄肉多、个体大、外形圆、螺壳无破损、厣片完整者。

第二,要选择活力强的螺蛳,可以用手或其他工具来测试一下,如果受惊时螺体能快速收回壳中,同时厣片能有力地紧盖螺口,那么就是好的螺蛳。反之,则不宜选购。

第三,要选择健康的螺蛳,螺蛳是寄生虫、病菌或病毒的携带和传播者,因此保健养螺又是健康养蟹的关键所在。螺体内最好没有蚂蟥等寄生虫寄生,购买螺蛳要避开血吸虫病多发的地区,如江西省进贤县、安徽省无为县等地区。

第四,选择的螺蛳壳要稚嫩光洁,外壳坚硬不利于后期河蟹摄食。

第五,不能在寒冷结冰天气引进螺蛳,以免冻伤死亡,要选择气温相对较高的晴好天气。

74. 如何放养螺蛳?

螺蛳群体中雌螺占 $75\%\sim80\%$,雄螺仅占 $20\%\sim25\%$。在生

殖季节,受精卵在雌螺育儿囊中发育成仔螺产出。每年的 4～5 月份和 9～10 月份是螺蛳的两次生殖旺季。螺蛳是分批产卵型,产卵数量随环境和亲螺年龄而异,一般每胎 20～30 个,多者 40～60个,1 年可产 150 个以上,产后 2～3 周,仔螺重达 0.025 克时即开始摄食,经过 1 年饲养便可交配受精产卵,繁殖后代。根据生物学家的调查,繁殖的后代经过 14～16 个月的生长又能繁殖仔螺。因此,许多养殖户为了获得更多的小螺蛳,通常是在清明前每 667 米^2 放养鲜活螺蛳 200～300 千克,以后根据需要逐步添加。

近几年从众多河蟹养殖效益较好的养殖户那里得到的经验表明,以分批放养为好,可以分 3 次放养,每 667 米^2 放养总量在350～500 千克。

第一次放养是在投放蟹种的 1 周后,每 667 米^2 投放螺蛳50～100 千克,量不宜太大,如果量大则不易肥水,容易滋生青苔、泥皮等。投放螺蛳应以母螺蛳占多数为佳,一般雌性大而圆,雄性小而长,主要通过头部的触角加以区分,雌螺左右两触角大小相同且向前伸展,雄螺的右触角较左触角粗而短,末端向内弯曲,其弯曲部分即为生殖器。

第二次放养是在清明前后,也就是在 4～5 月份,每 667 米^{2}投放 200～250 千克,在循环沟里少放,尽量放在蟹塘中间生有水草的板田上。

第三次投放是在 6～7 月份,每 667 米^2 放养量为 100～150 千克。有条件的养殖户最好放养仔螺蛳,这样更能净化水质,利于水草生长。到了 6～7 月份,螺蛳开始大量繁殖,仔螺蛳附着于池塘的水草上,不但稚嫩鲜美,而且营养丰富,利用率很高,是河蟹最适口的饵料,正好适合河蟹生长旺期的需要。

75. 怎样才能做到健康养螺？

第一，在投放螺蛳前1天，使用合适的生化药品来改善底质，活化淤泥，给螺蛳创造良好的底部环境，减少池塘中的有害病菌。例如，可使用六控底健康，1包可用于 2 001～3 335 米^2 水面。

第二，在投放时应先将螺蛳洗净，并用对螺蛳刺激性小的药物对螺体进行消毒，目的是杀灭螺蛳身上的细菌及寄生虫，然后把螺蛳放在新活菌王100倍稀释液中浸泡1个晚上。

第三，在放养螺蛳的3天后使用健草养螺宝（1桶可用于5 336～6 670 米^2 水面）来肥育螺蛳，增加螺蛳肉质质量和口感，为河蟹提供优良的饵料、增强体质。以后用健草养螺宝配合钙质如生石灰等，定期使用。

第四，在高温季节，每5～7天可使用改水改底的药物，控制寄生虫、病毒和病菌在螺蛳体内寄生和繁殖，从而大大减少携带和传播。

第五，为了有利于水草的生长和保护螺蛳的繁殖，在蟹种入池前最好用网片圈出蟹池30%的面积作为暂养区，地点在深水区，待水草覆盖率达40%～50%、螺蛳繁殖已达一定数量时撤除，一般暂养至4月份，最迟不超过5月底。

76. 池塘养殖河蟹放养蟹种的"三改"措施是什么？

为了达到养大蟹、养健康蟹的目的，在蟹种投放上应坚持"三改"，即改小规格放养为大规格放养、改高密度放养为低密度放养、改外购蟹种为自育蟹种。尽量选择土池培育的长江水系中华绒螯蟹蟹种，为保证蟹种质量可自选亲本到沿海繁苗场跟踪繁殖再回到内地自育自养。

77. 如何选择优良蟹种？

首先,投放的蟹种要求甲壳完整、肢体齐全、无病无伤、活力强、规格整齐、同一来源,选择一龄扣蟹,不选性早熟的二龄种和老头蟹种。

其次,选择品系纯正、苗体健壮、规格均匀、体表光洁不沾污物、色泽鲜亮、活动敏捷的蟹种。

最后,对蟹种进行体表检查。随机挑 3～5 只蟹种将背壳掀开,鳃片整齐无短缺、鳃片呈淡黄色或黄白色,无固着异物、无聚缩虫,肝脏呈橘黄色,丝条清晰者为健康无病的优质蟹种;如果发现蟹种的鳃片有短缺、黑鳃、烂鳃等现象,同时蟹种的肝脏明显变小,颜色变异无光泽,则为劣质或带病蟹种。

78. 哪几种蟹种不宜投放？

第一,早熟蟹种不要投放。有的蟹种虽然看起来很小,只有 20～30 克,但是它们的性腺已经成熟,如果把这种蟹种放养在池塘里,在开春后直至第二次蜕壳时会逐渐死去。这种蟹前壳呈墨绿色,雄蟹螯足绒毛粗长发达,螯足和步足刚健有力;雌蟹肚脐变成椭圆形,四周有小黑毛,是典型的性早熟蟹种,没有任何养殖意义。

第二,小老蟹苗不要投放。人们在生产中通常将小老蟹称为"懒小蟹""僵蟹",因为它们已在淡水中生长二秋龄,因某种原因未能长大,之后也很难长大,也就是我们常说的"养僵了"。一般性腺已成熟,所以背甲发青,腹部四周有毛,夏季易死亡,回捕率很低。

第三,病蟹不要投放。病蟹四肢无力,动作迟钝,入水再拿出后口中泡沫不多,腹部有时有小白斑点,这样的蟹种不要投放;蟹种肢体不全者或有其他损伤,尤其是大螯不全者最好不要投放,断肢河蟹虽能再生新足,但商品档次会下降;蟹种的鳃片有短缺、黑鳃、烂鳃等现象时不要投放;蟹种活动能力不强,同时蟹种的肝脏明显变小,颜色变异无光泽的也不要投放。

第四,咸水蟹种不要投放。这种蟹在海边长大,它的外表和正宗蟹种没有明显区别,但如果把咸水蟹放在淡水中一段时间,则有的死亡,有的爬行无力,有的则体色改变。

第五,氏纹弓蟹种不要投放。氏纹弓蟹又称铁蟹、蟛蜞,淡水河中生长较多,它是一种长不大的水产动物,最大的只有 50 克左右,品质差。由于它的幼体外形和中华绒螯蟹非常相似,所以常有人捕来以假乱真。稍加注意,不难发现,氏纹弓蟹背甲呈方形,步足有短细绒毛,色泽较淡。

79. 什么是小老蟹? 其鉴别方法有哪几点?

养殖户在选择蟹种的时候,一定要避免性早熟蟹。河蟹性早熟就是在其尚未达到商品规格时,已由黄蟹蜕壳变为绿蟹,这时它们的性腺已经发育成熟,如果在盐度变化的刺激下,是能够交配产卵并繁殖后代的,这种未达商品规格就性成熟的蟹通常被称为小老蟹。

我们通常将鉴别小老蟹的方法总结为"五看一称"法。

一是看腹部。正常的蟹种,在幼年期时,无论雌雄个体,它们的腹部都是呈狭长状的,略呈三角形。随着河蟹的蜕壳生长,雄蟹的腹部仍然保持三角形,而雌蟹的腹部将随着蜕壳次数的增加而慢慢变圆,到性成熟时就成为相当圆的脐了,所以成熟河蟹有"雌团雄尖"的说法。因此,我们在选购蟹种时,要观看蟹种的腹部,如果都是三角形或近似三角形的蟹种,即为正常蟹种,如果蟹种腹部已经变圆,且其周围密生绒毛,那么就是性腺成熟的蟹种,就是明显的小老蟹,不要购买。

二是看交接器。观看交接器是辨认雄蟹是否成熟的有效方法,打开雄蟹的腹部,发现里面有两对附肢,着生于第一至第二腹节上,其作用是形成细管状的第一附肢,在交配时一对附肢的末端紧紧地贴吸在雌蟹腹部第五节的生殖孔上,故雄蟹的这对附肢叫交接器。正常的蟹种,由于它们还没有达到性成熟,性激素分泌有限,因此其交接器呈软管状,而性成熟的小老蟹的交接器则在性腺的作用下,变为坚硬的骨质化管状体,且末端周生绒毛。所以,交接器是否骨质化是判断雄蟹是否成熟的条件之一。

三是看螯足和步足。正常蟹种步足的前节和胸节上的刚毛短而稀,不仔细观察根本就不会注意到,而成熟的小老蟹则刚毛粗长,稠密且坚硬。

四是看性腺。打开蟹种的头胸甲,如果只能看到黄色的肝脏,那就说明是正常的蟹种。若是性腺成熟的雌蟹,在肝区上面有 2 条紫色长条状物,这就是卵巢,肉眼可清楚地看到卵粒。若是性成熟的雄蟹,肝区有 2 条白色块状物,即精巢,俗称蟹膏。一旦出现这些情况就说明河蟹已经性成熟了,就是小老蟹,当然是不能放养的。

五看河蟹的背甲颜色和蟹纹。正常蟹种的头胸甲背部的颜色为黄色,或黄里夹杂着少量淡绿色,其颜色在蟹种个体越小时越淡;性成熟的小老蟹背部颜色较深,为绿色,有的甚至为墨绿色,这就是性成熟蟹被称为绿蟹的原因,这种小老蟹是没有任何养殖意义的;蟹纹是蟹背部多处起伏状条纹的俗称,正常蟹种背部较平坦,起伏不明显,而性成熟蟹种背部凹凸不平,起伏相当明显。

"一称"即称体重。生产实践表明,个体重小于 15 克的扣蟹基本上没有性早熟的;小老蟹体重一般都在 20~50 克之间。因此,在选择蟹种时,为了安全起见,在没有绝对判断能力时,可以通过称重来选购蟹种。在北方地区宜选择体重10～15克的蟹种,即每千克蟹种的个数在60～100只,在南方地区可选用5～10克的,即每千克蟹种的个数在100～200只,这样既能保证达到上市规格,又可较好地避免选中小老蟹。

80. 小老蟹可以养殖吗?

小老蟹个体规格为每千克20～28只,由于它们的大小与大规格蟹种基本一样,所以有的养殖户特别是刚刚从事河蟹养殖的人很难将它们区分开来。如果将这种小老蟹作为蟹种翌年继续养殖时,不仅生长缓慢,而且易因蜕壳不遂而死亡,更重要的是它们几乎不可能再具有生长发育的空间了,将会给养殖生产带来损失。因此,生产中不可养殖小老蟹。

81. 蟹种的放养规格有哪些要求?

蟹种规格在100～200只/千克(即6～10克/只),放养密度一般为每667米²放养600～800只。也有采用大规格蟹种放养的,即蟹种规格为60～100只/千克,放养密度400～600只/667米²。

82. 蟹种的放养有哪些要求?

蟹种放养时水位控制在50～60厘米,以3月底以前放养结束为宜。放养时先用池水浸泡蟹种2分钟,然后提出片刻,再浸泡2分钟提出,重复3次,接着用3%～4%食盐水浸泡消毒3～5分钟后再放入池塘中。

为了便于以后的检查和投喂,可以将每池的放养情况做登记,如表1所示。

表 1　放养情况登记

池　号	面积(米²)	水深(米)	放养时间	品　种	规　格	数　量	密　度

83. 投喂河蟹应注意哪些事项？

首先，我们应该了解河蟹自身消化系统消化能力的不足，主要表现为河蟹消化道短，内源酶不足。另外，气候和环境的变化尤其是水温的变化会导致河蟹产生应激反应，甚至拒食等，这些因素都会妨碍河蟹营养的消化吸收。

其次，不要盲目迷信河蟹的天然饵料，有的养殖户认为只要水草养好了，螺蛳投喂足了，再喂点小麦、玉米之类的就可以了，而忽视了配合饵料的使用，这种观念是错误的。在规模化养殖中我们不可能有那么丰富的天然饵料，因此我们必须科学使用配合饵料，而且要根据不同的生长阶段使用不同粒径、不同配方的配合饵料。

第三，饵料本身的营养平衡与生产厂家的生产设备和工艺配方相关联，例如有的生产厂家为了节省费用，会用部分植物性蛋白（常用的是发酵豆粕）替代部分动物性蛋白（如鱼粉、骨粉等），加上生产过程中的高温环节对饵料营养的破坏，如磷酸酯等的丧失，会导致饵料营养的失衡，从而也影响河蟹对饵料营养的消化吸收及营养平衡的需求。所以，养蟹在选用饵料时要理智谨慎，最好选择用户口碑好的知名品牌。

第四,为了有效弥补河蟹消化能力不足的缺失,提高河蟹对饵料营养的消化吸收,满足其营养平衡的需求,增强其免疫抗病能力,在喂料前,定期在饵料中拌入产酶益生菌、酵母菌和乳酸菌等,是很有必要的。这些有益微生物复合种群优势,既能补充河蟹的内源酶,增强消化功能,促进对饵料营养的消化吸收,还能有效抑制病原微生物在消化系统生长繁殖,维护消化道的菌群平衡,修复并促进体内微生态的健康循环,预防消化系统疾病,对河蟹养殖十分重要。另外,如果在饵料中定期添加保肝促长类药物,既有利于保肝护肝,增强肝功能的排毒解毒功能,又能提高河蟹的免疫力和抗病能力。因此,我们在投喂饵料时要定期使用一些必备的药物。

第五,我们在投喂饵料时,总会有一些饵料沉积在池底,从而对底质和水质造成一些不好的影响,为了确保池塘水质和底质都能得到良好的养护和及时的改善,从而减少河蟹的应激反应,我们在投喂时要根据不同的养殖阶段和投喂情况,在饵料中适当添加一些营养保健品和微量元素,增强蟹的活力和免疫抗病能力,提高饵料营养的转化吸收,促进河蟹生长,降低养蟹风险和养殖成本,提高养殖效益。

84. 河蟹的投喂有哪些原则?

河蟹是以动物性饵料为主的杂食性动物,在投喂上应遵循动植物饵料合理搭配,坚持"两头精、中间青、荤素搭配、青精结合"的科学投喂原则进行投喂。

85. 如何确定河蟹的投喂量?

幼蟹刚下塘时,日投喂量为每 667 米^2 水面投 0.5 千克左右。

随着生长,要不断增加投喂量,具体的投喂量除了与天气、水温、水质等有关外,还要养殖者在生产实践中灵活把握,这里介绍一种叫试差法的投喂方法来掌握投喂量。在投喂前先查一下前一天所喂的饵料情况,如果没有剩余,说明基本够吃。如果剩下不少,说明投喂过多,一定要将投喂量减下来。如果看到饵料全部被吃光,且饵料投喂点旁边有河蟹爬动的痕迹,说明前次投喂少了一点,本次需要加一点,如此观察、调整 3 天就可以确定投喂量了。在没有捕捞的情况下,隔 3 天增加 10% 的投喂量。

86. 河蟹如何投喂?

一般每天投喂 2 次,分别在上午、傍晚投放饵料,且以傍晚投喂为主,投喂量要占到全天投喂量的 60%~70%。由于河蟹喜欢在浅水处觅食,因此在投喂时,应在岸边和浅水处多点均匀投喂,也可在池四周增设食台,以便观察河蟹摄食情况。

饵料投喂要采取四定、四看的投喂方法。

四定投喂是指:①定时。高温时节每天投喂 2 次,最好规定准确时间,调整时间宜隔 15 天甚至更长时间才能进行。水温较低时,也可每天喂 1 次,时间安排在下午。②定位。沿池边浅水区定点"一"字形摊放,每间隔 20 厘米设一投喂点。③定质。青、粗、精结合,确保新鲜适口、不腐烂变质、营养搭配合理,建议投喂配合饵料或全价颗粒饵料,严禁投腐败变质饵料。饵料可做成团状或块状,以提高饵料利用率,其中动物性饵料占 40%,粗饵料占 25%,青饵料占 35%。动物下脚料最好煮熟后投喂,在池中水草不足的情况下,一定要添加陆生草类的投喂,夏季要捞掉吃不完的草,以免腐烂影响水质。④定量。自配的新鲜饵料日投喂量的确定,一般 3~4 月份为蟹体重的 1% 左右,5~7 月份为 5%~8%,8~10 月份为 10% 以上。全价配合颗粒饵料日投喂量控制在蟹体重的

1%～5%。每日的投喂量早上占 30%,下午占 70%。河蟹最后1～2 次蜕壳即将起捕时,宜大量投喂动物性饵料,以达到快速增肥、提高成蟹规格的目的。

"四看"投喂是指:①看季节。5 月中旬前动、植物性饵料比为60：40;5 月份至 8 月中旬,为 45：55;8 月下旬至 10 月中旬为65：35。②看实际情况。连续阴雨天气或水质过浓,可以少投喂,天气晴好时适当多投喂;大批河蟹蜕壳时少投喂,蜕壳后多投喂;河蟹发病季节少投喂,生长正常时多投喂。既要让河蟹吃饱吃好,又要减少浪费,提高饵料利用率。③看水色。透明度大于 50 厘米时可多投,少于 20 厘米时应少投,并及时换水。④看摄食活动。发现过夜剩余饵料应减少投喂量。

87. 如何对投喂河蟹的冰鲜鱼进行处理?

生产中养殖户投喂的冰鲜野杂鱼类几乎没有经过任何处理,而野杂鱼中附带大量有害细菌和病毒,特别是已经变质的野杂鱼污染更为严重。河蟹在摄食的过程中将有害病毒、细菌或有毒的重金属、药残带入体内,从而引发病害,常见的有肝脏肿大、肝脏萎缩和糜烂、肠炎病、空肠、空胃等。

处理方法:在投喂冰鲜野杂鱼前,可使用大蒜素进行拌料处理来消除其中的有害物质,经过发酵的天然大蒜的杀菌抑菌能力是普通抗生素的 5～8 倍,且无残留,不产生耐药性,具体的使用方法请参考各生产厂家的大蒜素或类似产品的使用说明。

88. 高温季节如何对颗粒饵料进行处理?

在高温时节投喂颗粒饵料时,饵料容易溶散,不利于河蟹摄食,另外这些没有被及时摄食的饵料沉入塘底,一方面造成饵料浪费严重,另一方面容易造成底质腐败,溶解氧缺乏,病毒、细菌容易繁殖,形成有毒、有害物质,使整个养殖环境处于重度污染状态。

处理方法:在投喂饵料前,适当配合环保营养型黏合剂,将饵料包裹后投喂,既能起到诱食促食作用,还能增强营养消化,这样不仅可以降低饵料系数,减轻底质污染,更重要的是能有效地控制河蟹病从口入,减少病害的发生。

89. 池塘养蟹时对水体中氧气的认识有哪些误区?

在河蟹的整个养殖过程中,确保溶氧量充足是贯穿养殖生产与管理的一条主线,许多养殖户都有这样的体会:氧气可以说是河蟹成功养殖的命根子。因此,如何解决养殖池塘溶解氧安全的问题,是每一位河蟹养殖者需要关注和研究的问题。

有些养殖户认为只要勤开增氧机就可以解决溶解氧安全的问题,也有些养殖户在蟹池里也埋设了微孔增氧管,认为只要定时、科学地开启增氧设备,就可以高枕无忧了。其实,这种理解是有失偏颇的。增氧机的真正作用是搅水、曝气、增氧,主要是通过动力作用来推动水体循环,把水草和藻类所产生的溶解氧通过水流循环载入塘底,增加塘底溶氧量,将底层的有机物进行生物合成,转化为营养盐类通过水流循环供水草和藻类吸收,促进水草和藻类的生长,还可将底层有害的物质通过水体循环交换至水层表面释放挥发。至于增氧方面,增氧机本身并不制造氧气,它所起的作用只是将空气中少量的氧气导入水体。因此,增氧机的有限增氧功能并不是主要的氧源。

还有一些养殖户认为,可以通过向水体中泼洒增氧剂,如过碳酸钠、过硼酸钠、过氧化钙、过氧化氢等来补充外源氧的方式来解决水体溶解氧缺乏的问题。这确实可以起到一定的增氧作用,也是高产精养鱼塘经常用来紧急增氧的有效药物,但是用增氧剂等化学药品来增氧只是短期的行为,而且是一种治标不治本的应急做法。也许对于鱼池可以使用,但是对于蟹池却并不适用,这是因为化学增氧剂的过量使用后,蟹池内的水草及藻类会大量死亡,养殖池塘的生态环境被彻底破坏,水质、底质失去活性功能,自净功能丧失,在养殖后期蟹池的水色很难培养,水草很难修复,更为严重的是池塘里的亚硝酸盐、重金属等有害物质屡见超标,结果是导致蟹病频发,养殖效益很不理想。

90. 池塘养蟹时如何培植氧源?

生产实验表明,养蟹池塘里由于种植了大量的水草,加上人为进行肥水培藻的作用,因此蟹池水体中 80% 以上的溶解氧都是水草、藻类产生的,因此培育优良的水草和藻相,就是培植氧源的根本做法。

如何培植氧源呢?最主要的技巧就是加强对水质的调控管理,适时适当使用合适的肥料培育水草和稳定藻相。一是在刚刚放养蟹种的时候,注重"肥水培藻,保健养种"的做法;二是在养殖中后期的时候注意壮草、修复水草,防止水草根部腐烂、霉变;三是在巡塘的时候,加强观察,观察的内容包括蟹的健康情况,同时也要观察水草和藻相是否正常,水体中的悬浮颗粒是否过多,藻类是不是有益的藻类,是否有泡沫,水质是不是发黏且有腥臭味,水色浓绿、泡沫稀少,藻相是否经久不变等,一旦发现问题,都必须及时采取相应的措施进行处理。具体的处理方法请参考本书相关章节。可以这样说,保护健康的水草和藻相,就是保护池塘氧源的安全,就是确保养蟹成功的关键。

91. 池塘养蟹时如何调节水质?

水是河蟹赖以生存的环境,也是疾病发生和传播的重要途径,因此水质的好坏直接关系到河蟹的生长、疾病的发生和蔓延。在河蟹整个养殖过程中水质调节非常重要,除前面提到的种植水草、移植螺蛳外应做到以下几点。

第一,定期泼洒生石灰,调节水的酸碱度,增加水体钙离子浓度,供给河蟹吸收。河蟹喜栖居在 pH 为 7.5~8.5 的微碱性水体中,自 4 月中旬至河蟹起捕前,每 15~20 天每 667 米² 水面、每米水深用 10~15 千克生石灰化水全池均匀泼洒,使池水始终呈微碱性。

第二,夏季水温高,水质极易败坏,应加强水质管理,可采取加深水位的办法,保持池塘正常水位在 1.5 米左右。

第三,适时加水、换水。从放种时的 0.5~0.6 米水深开始,随着水温升高,视水草长势,每 10~15 天加注新水 10~15 厘米,早期切忌一次加水过多。5 月上旬前保持水位在 0.7 米,7 月上旬前保持水位在 1.2 米,7 月上旬后保持水位在 1.5 米。每 2~3 天加 1 次水,高温季节每天加水 1 次,形成微水流,促进河蟹蜕壳。另外,如果遇到恶劣天气水质变化时,要加大换水量,尽量加满池水。如发现河蟹往岸上爬的次数和数量增多、口吐泡沫,应立即换水并加大换水量。但是要注意的是在蜕壳高峰期不加水,雨后不加水。每次换水水深 20~30 厘米,先排后灌,换水时换水速度不宜过快,以免对河蟹造成强刺激。在进水时用 60 目双层筛网过滤。

第四,每隔 7~10 天泼撒 1 次生石灰,每次每 667 米² 水面用生石灰 15 千克,有澄清水质、增加水体钙质的作用。如常年周期施用益生菌制剂,则可大大减少换水次数,甚至可以不换水。

第五,做好底质调控工作。在日常管理中做到适量投喂,减少剩余残饵沉底;定期使用底质改良剂(如投放过氧化钙、沸石等,投放光合细菌活菌制剂);晴天采用机械池内搅动底质,每2周1次,促进池泥有机物氧化分解。

92. 水质、底质、水草、藻相、溶解氧与养蟹的关系是什么?

对于河蟹养殖来说,"溶解氧是核心,健草是基础,培藻是前提,护水是关键,养底是重点",这已经是养蟹人的共识。水质、底质、水草、藻相、溶解氧互相关联,互相影响。因此,增氧、养水、护草、改底和培藻的协调管理很重要。要想养好一池"肥、活、嫩、爽"的优良水质,必先培出优良的藻相和健壮的水草。而要想水色优良和保持藻相稳定,蟹池底质的改良和养护不可麻痹大意。

93. 池塘底质对河蟹有哪些影响?

河蟹是典型的底栖类生活习性,它们的生活生长都离不开底质,因此底质的优良与否会直接影响河蟹的活动能力,从而影响它们的生长、发育,甚至影响它们的生命,进而会影响养殖产量与养殖效益。

底质,尤其是长期养殖池塘的底质,往往是各种有机物的聚集之所,这些底质中的有机物在水温升高后会慢慢地分解。在分解过程中,它一方面会消耗水体中大量的溶解氧来满足分解作用的进行;另一方面,在有机物分解后,往往会产生各种有毒物质,如硫化氢、亚硝酸盐等,结果就会导致河蟹因为不适应这种环境而频繁地上岸或爬上草头,轻者会影响它们的生长蜕壳,造成上市河蟹的规格普遍偏小,价格偏低,养殖效益降低,严重的则会导致池塘缺氧泛塘,甚至使河蟹中毒死亡。

底质在河蟹养殖中还有一个重要的影响就是会改变它们的体色,从而影响出售时的商品价值。河蟹的体色是与它们的生活环境相适应的,而且也会随着生活环境的改变而改变。例如,在黄色壤土底质中生长的河蟹,养成后的体色与在湖泊中养成的河蟹体色极其相似,呈现青壳白脐、金爪黄毛、肉质鲜美的优势。而在淤泥较多的黑色底质中养出的成蟹,常常一眼就能看出是"黑底蟹""铁壳蟹"等,其具体特征就是甲壳灰黑,脐腹部有黑斑,肉松味淡,商品价值非常低。

94. 瘦底池塘如何改底?

底瘦的池塘通常是新塘或清淤翻晒过的养殖池塘,池塘底部有机物少,微生态环境脆弱,不利于微生物的生长繁殖。

(1)底瘦水瘦的池塘 藻类数量少,饵料生物缺乏,溶氧量往往比较低,水体易出现浑浊或清水。针对这种情况,如果大量浮游动物出现,可局部杀灭浮游动物。可施用 EM 菌,补充底部和水体的营养物质,调节底部菌群平衡,建立有利于水质的微生物群落。浑浊的水体,应先用净水产品来处理,并在肥水同时连续使用增氧产品 2~3 晚,保证肥水过程中水体溶氧量充足。

(2)底瘦水肥的池塘 活饵料丰富,藻类数量多,水体的溶氧量丰富。但底部供应的营养不足,这样的水质难以维持,容易出现倒藻。可施用有机肥来补充底肥,并加 EM 菌补充底部营养和有益菌群的数量,以促使底层呈现良性状态。

95. 肥底池塘如何改底?

(1)底肥水肥的池塘 这种池塘水体黏稠物质多,自净能力差,底层溶氧量不足,底泥发臭。可先使用净水产品净化水质或开启增氧机,提高底泥的氧化还原电位,促进有益菌繁殖。防止盲目用药,改用降解型底质改良剂代替吸附性底质改良剂。可施用EM菌和生物类底改产品定向培养有益藻类防止水体老化。

(2)底肥水瘦的池塘 水体营养不足,藻类生长受限制,水体溶氧量低,底层易出现"氧债",敌害微生物易繁殖。在这种情况下,需要底层充气,提高底泥的氧化还原电位,可施用EM菌促进有益菌的生长繁殖,同时施用净水产品调节水质,降解水体中的毒素,提供丰富的营养,培养有益藻类。防止盲目使用杀虫剂、消毒剂。

96. 河蟹养殖池塘的水质如何养护?

(1)养殖前期的水质养护 在用有机肥、化学肥料或生化肥料培养好水质后,在放养蟹种的第四天,可用相应的生化产品为池塘提供营养来促进优质藻相的持续稳定,这是因为在藻类生长繁殖的初期对营养需求量较大,对营养质量的要求也较高,这些藻类快速繁殖,在水里是优势种群,它们的繁殖和生长会消耗水体中大量的营养物质,此时如果不及时补施高品质的肥料养分,水色很容易被消耗掉,而呈现澄清状,藻相因营养供给不足或营养不良而出现"倒藻"现象。另一方面蟹池里的水色过度澄清会导致天然饵料缺乏,水中溶氧量偏低,蟹种很快就会出现游塘伏边等应激反应,这时蟹种的活力减弱,免疫力也随之下降,直接影响蟹种第一次蜕壳的成活率,最终影响回捕率。

保持藻相的方法很多,只要用对药物和措施得当就可以了,这里介绍一种方案,供生产中参考使用。在放养蟹种的第三天将卓越黑金神浸泡1夜,到第四天上午配合使用藻幸福或六抗培藻膏追肥,用量为1包卓越黑金神加1桶藻幸福或1桶六抗培藻膏,可以泼洒 4 669~5 336 米^{2}水面。

（2）**养殖中后期的水质养护**　水质的好与坏，优良水质稳定时间的长与短，取决于水草、菌相（指益生菌）、藻相是否平衡，是否有机共存于池塘里。如果水体中缺乏菌相，就会导致水质不稳定；如果水体中缺乏藻相，就会导致水体易浑浊，水中悬浮颗粒增多；如果水体中缺乏水草，河蟹就缺少了"保护伞"。所以，养一塘好水，就必须适时地定向护草、培菌、培藻。

根据水质肥瘦情况，应酌情将肥料与活菌配合使用。如水色偏瘦，可采取以肥料为主、以活菌为辅进行追肥。追肥时既可以采用生物有机肥或有机无机复混肥，但是更有效的则是采用培藻养草专用肥，这种肥料可完全溶化于水中，既不消耗水中的溶解氧，又容易被藻类吸收，是理想的追施肥料。相应的肥料市面上有售。

如水质过浓，就要采取净水培菌措施，使用的药物及方法请参考各生产厂家的药品说明书。这里介绍一种方法，可先用六控底健康全池泼洒 1 次，翌日再用灵活 100 加藻健康泼洒，晚上泼洒纳米氧，三天左右蟹池的水色即可变得清、爽、嫩、活。

97. 河蟹养殖中后期的池塘底质如何养护与改良？

河蟹养到中后期，投喂量逐步增加，吃得多，排泄得也多，加上多种动植物的残体沉积在池塘底部，塘底的负荷逐渐加大。这些有机物如果不及时采取有效措施进行处理的话，会造成底部严重缺氧，这是因为这些有机物的腐烂至少要耗掉总溶氧量的 50% 以上，在厌氧菌的作用下，就容易发生底部泛酸、发热、发臭，滋生致病原，从而造成河蟹爬边、上岸、爬草头等应激反应。另一方面，在这种恶劣的底部环境下，一些致病菌特别是弧菌容易大量繁殖，从而导致河蟹的活力减弱，免疫力下降，这些底部的细菌和病毒交叉感染，使河蟹容易暴发细菌性与病毒性并发症，最常见的是颤抖病、黑鳃病、烂鳃病等病症。这些危害的后果是非常严重的,应引起养殖户的高度重视。

因此,在河蟹养殖1个月后,就要开始对池塘底质做一些清理隐患的工作。所谓隐患,是指剩余饵料、粪便、动植物残体中残余的营养成分。消除的方法就是使用具有超强分解能力的复合微生物底改与活菌制剂,如市售的底改王、水底双改、卓越黑金神、底改净、灵活100、新活菌王、粉剂活菌王等。这样,既可避免底质腐败产生很多有害物质,还可抑制病原菌的生长繁殖,同时还可以将这些有害物质转化成水草、藻类所需的营养盐供藻类吸收,促进水草、藻类的生长,从而增强藻相新陈代谢的活力和产氧能力,稳定正常的pH和溶氧量。实践证明,采取上述措施处理行之有效。

一般情况下,蟹塘里的溶氧量在凌晨1时至早晨6时是最少的时候,这时不能使用药物来改底;在气压低、闷热无风天气的时候,即使在白天泼洒药物,也要防止河蟹应激反应和池塘缺氧,如果没有特别问题时,建议在这种天气不要改底。在晴天中午改底效果比较好,能从源头上解决养殖池塘溶氧量低下的问题,增强水体的活性。中后期每7~10天进行1次改底,在高温天气(水温超过30℃时)每5天1次,但是底改产品的用量稍减,也就是掌握少量多次的原则。这是因为塘底水温偏高时,底部有机物的腐烂要比平时快2~3倍,所以改底的次数要相应地增加。

98. 池塘底质改良产品的选用要注意什么?

关于底改产品的选用,现在市场上销售的同类产品或同名产品实在太多,笔者建议养殖户要做理性的选择,不要被概念的炒作所迷惑。例如,有些生产厂家打出了"增氧型底改""清凉型底改"的产品,其实这类底改产品大多是以低质滑石粉为材料制成的吸附型产品,用户只能凭表面直观的感觉判断其作用效果。不可否认的是使用了这类产品后,表面看起来水体中的悬浮颗粒少了,水清爽了一些,殊不知这些悬浮颗粒被吸附沉积到塘底,就会加重塘底的"负荷",一旦塘底"超载",底质就会恶化。加上这些颗粒状的底改产品,沉入塘底后需要消耗大量的氧气来溶散,所以从本质上说,这类产品使用后不仅增氧效果不明显,反而还会降低底部溶氧量,这就是为什么这些底改产品用得越多,黑鳃、肝脏坏死等症状不仅得不到控制,反而会越来越严重的最主要原因。所以,使用产品时,理智的选择是关键,不要被"概念"迷惑。否则,用了产品,花了成本,效果却大打折扣。

99. 老绿色水如何防控和改良?

老绿色或深蓝绿色水,是由于池水中微囊藻(蓝藻的一种)大量繁殖而导致的。此时水质浓浊,透明度在 20 厘米左右,在池塘下风处,水表层往往有少量绿色悬浮细末,若不及时处理,池水迅速老化,藻类易大量死亡。河蟹在此水体中易发病,生长缓慢,活力衰弱、蟹体瘦瘦。

防控和改良措施:一是立即换排水;二是可全池泼洒解毒药剂,减轻微囊藻对河蟹的毒性。

100. 灰绿色、灰蓝色或暗绿色水如何防控和改良?

这种水色是由于池水中绿藻大量死亡而形成,死亡的藻类漂浮于水面,水面有油污状物,水质浓浊,色死,有黏滑感,增氧机搅起的水花为浅绿色,易出现泡沫,泡沫拖尾长,很难消失,这说明有害藻类的浓度大,并开始死亡。河蟹在此环境中极易患病,表现为减料明显,空肠、空胃,如不及时得到妥善的改良处理,就会发生严重病害。

防控和改良措施：一是立即换排水；二是可全池泼洒解毒药剂，减轻毒性；三是在解毒后进行改底，方法同前文所述。

101. 酱红色或砖红色水如何防控和改良？

池水在阳光照射下呈砖红色，且藻类在水中分布不均匀，成团成缕。此种水色的池水有大量鞭毛藻类（裸甲藻、多甲藻等）和原生动物（如夜光虫等）繁殖，这些生物也是主要的赤潮生物。

这种水色已经不适应绿藻或硅藻繁殖所需的条件，在高温季节最易出现，死亡的藻类散发出臭味，池水有黏性感，底质酸化，水体严重缺氧，pH下降，这种水色下的河蟹死亡率极高，对生产危害极大。

防控和改良措施：一是立即换排水，有可能的话可换全池水量的4/5；二是换水后翌日引进3～5厘米深的含藻新水；第三是全池泼洒生物制剂如芽孢杆菌等，用量与用法请参考使用说明；四是如果无法大量换水时，要立即用解毒药对水体先进行解毒，然后用改底药进行改底。

102. 白浊色水如何防控和改良？

此种水色中主要含有害微生物和纤毛虫、轮虫、桡足类等浮游动物及黏土微粒或有机碎屑。这种水质属致病性水质，其防控和改良方法同酱红色或砖红色水的处理。

103. 土黄浊白色水如何防控和改良？

此种水质为雨水冲刷塘基使细黏土入池所致。

防控和改良措施：一是全池泼洒净水剂，让池水由浑浊慢慢转为清澈；二是对池水进行解毒处理；三是引进 3～5 厘米深的含藻新水；四是用生化肥料对池塘进行追肥和施肥，方法同前文所述。

104. 蟹池里的青苔是如何形成的？如何防控和改良？

蟹池中青苔大量繁衍对河蟹苗种成活率和养殖效益影响极大。造成青苔在蟹池中蔓延的主要原因有：①人为诱发。主要是早期蟹池水位较浅和光照较强所致，在水草发芽期和早期生长阶段，为保证水草能够获得足够的光照正常发芽和生长，养蟹户通常将水位控制在 10～20 厘米，长时间保持较低的水位，将导致青苔暴发。②水源中有较多的青苔。蟹池在进水时，水源中的青苔随水流进入池塘，在水温、光照、营养等条件适宜时，会大量繁衍。③大量施肥。养殖户发现水草长势不够理想或发现已有青苔发生，采用大量施用无机肥或农家肥的方式进行肥水，施肥后青苔生长加快，直至全池泛滥。④过量投喂。河蟹养殖过程中投喂饵料过多，剩余饵料沉积在池底，发酵后引起青苔滋生。⑤清塘不彻底。若上一年蟹池发生过青苔危害，翌年养蟹前又未清塘或晒塘，则青苔发生率很高。此外，防治蟹病时乱用药物造成水质污染，过量施用碳酸氢铵、磷肥和未经发酵的有机肥使蟹池生态受到破坏，或在移植水草时将青苔带入蟹池，均会造成青苔泛滥。

防控和改良措施：青苔大量发生后，由于蟹池中有大量的水草需要保护，因此常用的硫酸铜及含除草剂类的药物使用受到限制，因此青苔的控制应重在预防。常见的预防措施有：①种植水草和放养蟹苗前干塘暴晒 1 个月以上；②清塘时每 667 米² 蟹池用生石灰 75～100 千克化浆全池泼洒；③清塘消毒 5 天后，必须用相应的药物进行生物净化，不仅可消除养殖隐患，还可消除青苔和泥皮;④种植水草时要加强对水草和螺蛳的养护,促进水草生长,适度肥水,防止青苔发生;⑤种植水草后采用低水位催芽,随着水草生长及时加高水位,长江流域在4月中下旬时池水水位不低于40厘米,5月中旬时不低于60厘米;⑥合理投喂,防止饵料过剩,饵料必须保持新鲜。

105. 黄泥色水如何防控和改良?

此种水质又称泥浊水,主要是由于蟹塘底质老化,底泥中有害物质含量超标,底泥丧失应有的生物活性,遇到天气变化就容易出现泥浊现象。还有一种造成黄泥色水的原因是,池塘中含黄色鞭毛藻,池中积存太久的有机物,经细菌分解,使池水 pH 下降时易产生此色。养殖户大多采取聚合氯化铝、硫酸铝钾等化学净水剂处理,但是只能有一时之效,却不能除根。

防控和改良措施:这种水质要耐心地渐进处理。①及时换水,增加溶氧量,如 pH 太低,可泼洒生石灰调节水质。②引进10厘米左右的含藻水源。③用肥水培藻的生化药品在晴天上午9时全池泼洒,目的是培养水体中的有益藻群。④待肥好水色、培好水藻后,再追肥来稳定水相和藻相,此时水色将由黄色向黄中带绿—淡绿—翠绿转变。

106. 分层水如何防控和改良?

分层水的种类比较多,有水体表层呈带状或云团状水色不同的分层;有水体上层水浓下层水清的分层;有水体表面洁净,但中下层水很混浊的分层。这些分层水质容易导致蟹池里的溶解氧分层、pH 分层、盐度分层。造成水体分层现象的主要原因是气候恶劣,底质恶化,气压低,水面张力大,导致水体上下层交换能力差;

还有一种就是蟹池的底质变坏,池塘内的微生态循环受阻,或是用药施肥不当而导致生态循环被破坏所引起。

对策:一是在气压低或阴雨天前后,可泼洒破坏水面张力的药物,以促进恢复水体上下层的生态循环;二是全池泼洒生石灰,7天后选择晴天时再施用培藻的生物药品,具体药物使用请参考药物说明书,可有效解决水体分层的问题。

107. 澄清色水如何防控和改良?

形成澄清色水的原因:一是塘底长有青苔,青苔大量繁殖消耗池中的养料,使池水严重变瘦,池中的浮游生物繁殖不起来。二是水体受重金属污染而造成浮游生物无法生长。

防控和改良措施:一是按前文所述对青苔的处理方法来处理;二是立即解毒,除去重金属的危害;三是进行追肥,具体方法参见前文所述。

108. 油膜水如何防控和改良?

形成油膜水的原因:①水质和底部恶化产生大量有毒物质,导致大量浮游生物死亡,尤其是藻类的大量死亡,在下风向水面形成一层油膜。②大量投喂冰鲜野杂鱼、劣质饵料,从而形成残饵等物质漂浮在水面上。③水草腐烂、霉变产生的烂叶、烂根和岸边垃圾等漂浮在水中与水中悬浮物构成一层混合膜。

防控和改良措施:一是要加强对蟹池的巡塘,关注下风向处,把烂草、垃圾等漂浮物打捞干净。二是排换水5~10厘米后,使用改底药物全池泼洒,改良底部。三是在改底后的5小时内,使用市售的药品全池泼洒,破坏水面膜层。例如,使用绿康露,1瓶可用于2 001~3 335 米^2 水面。四是在破坏水面膜层后的第三天用解毒药物进行解毒,解毒后泼洒相关药物来修复水体,强壮水草,净化水质。

109. 黑褐色与酱油色水如何防控和改良?

这种水色的池水中含大量的鞭毛藻、裸藻、褐藻等,这种水色一般是管理失常所致,如饵料投喂过多,残饵增多;没有发酵彻底的肥料施用太多或堆肥,导致溶解性和悬浮性有机物增加,水质和底质均老化,增氧机搅起的水花为浅黑色,水黏滑,易起泡,很难消失。在投喂失当、底质恶化的老化池易发生。生活在这种环境下的河蟹易发生应激反应,发病率极高。

防控和改良措施:一是立即换水 50% 左右;二是换水后翌日引进 3~5 厘米的含藻新水;三是全池泼洒生物制剂如芽孢杆菌等,用量与用法请参考使用说明书;四是如果无法大量换水,要立即使用解毒药对水体先进行解毒,然后再用改底药进行改底。

110. 养蟹池塘的补钙工作有哪些重要性?

在池塘养蟹过程中,有一项工作常常被养殖户忽视,但却是养殖河蟹成功与否的关键工作,这项工作就是补钙。

钙是植物细胞壁的重要组成成分,如果池塘中缺钙,就会限制蟹池里的水草和藻类的繁殖。我们在放苗前肥水时,常常会发现有肥水困难或水草老化、腐败现象,其中一个重要的原因就是水中缺乏钙元素,导致藻类、水草难以生长繁殖。因此,肥水前或肥水时需要先对池水进行补钙,最好是补充活性钙,以促进藻类、水草快速吸收转化,达到"肥、活、嫩、爽"的效果。

养殖用水要求有合适的硬度和合适的总碱度,因此水质和底质的养护和改良也需要补钙。

养殖用水的钙、镁含量适宜,除了可以稳定水质和底质的pH,增强水的缓冲能力,还能在一定程度上降低重金属的毒性,并能促进有益微生物的生长繁殖,加快有机物的分解矿化,从而加速植物营养物质的循环再生,对抢救倒藻、增强水草生命力、修复水色及调理和改善各种危险水色、底质,效果显著。

河蟹的生长发育离不开钙。钙是动物骨骼、甲壳的重要组成部分,对蛋白质的合成与代谢、碳水化合物的转化、细胞的通透性、染色体的结构与功能等均有重要影响。

河蟹的生长要通过不断蜕壳和硬壳来完成,因此需要从水体和饵料中吸收大量的钙来满足生长需要,集约化的养殖方式又常使水体中矿物质盐的含量严重不足。钙、磷吸收不足又会导致河蟹的甲壳不能正常硬化,形成软壳病或者蜕壳不遂,生长速度减慢,严重影响河蟹的正常生长。因此,为了确保河蟹的正常生长发育和蜕壳的顺利进行,需要及时补钙。可以说,补钙固壳、增强抗应激能力,是防御病毒侵入而影响健康养殖的防火墙。

111. 河蟹的蜕皮(壳)有哪些特点?

在培育仔幼蟹时,大眼幼体需经 1 次蜕皮后才能变态成Ⅰ期幼蟹,从Ⅰ期幼蟹培育成Ⅴ～Ⅵ期幼蟹则要经过 4～5 次蜕壳才能完成。蜕皮(壳)不仅是幼蟹发育变态的一个标志,也是其个体生长的一个必要步骤,这是因为河蟹是甲壳类动物,身体有甲壳包裹,只有随着幼体的蜕皮或仔幼蟹的蜕壳,才能发生形态的改变和个体的增大。

河蟹的蜕壳伴随着它的一生,没有蜕壳就没有河蟹的生长。由于Ⅰ期幼蟹之前的河蟹各生长期身体都比较软,还没有形成厚厚的壳,而过了Ⅰ期幼蟹后,它的体表上就出现了厚厚的坚硬的壳,因此我们一般把Ⅰ期幼蟹前的蜕壳称为蜕皮,而Ⅰ期幼蟹后的蜕壳则称为蜕壳。

大眼幼体在蜕皮之前会有一些征兆出现,当发现后期的大眼幼体只能爬行,丧失了游泳能力时,这是即将蜕皮变态成Ⅰ期幼蟹的征兆,这种蜕皮过程必须在放大镜下才能看得清楚。大眼幼体在蜕去旧皮之前,柔软的新皮早已在老的皮层下面形成了。蜕皮时,先是体液浓度的增加,新体的皮层与旧体的皮层分离,在头胸甲的后缘与腹部交界处发生裂缝,新的躯体就从裂缝处蜕出来。在蜕皮时,通过身体各部肌肉的收缩,腹部先蜕出,接着头胸部及其附肢蜕出。刚蜕皮的幼蟹,由于身体柔软,组织大量吸收水分,个体显著增大,但活动能力很弱,常仰卧水底,有时长达一昼夜,待嫩壳变硬后,才能运动。

幼蟹的蜕壳比较容易看到,每蜕一次壳,身体就长大一些。在幼蟹蜕壳之前,身体表面就显出一些征兆,主要在腕节和长节之间出现一些皱纹。幼蟹蜕壳时,通常潜伏在水草丛中,不久后在头胸甲与腹部交界处产生裂缝,并在口部两侧的侧线处也出现裂缝,头胸甲逐渐向上耸起,裂缝越来越大,束缚在旧壳里的新体逐渐显露于壳外,接着腹部蜕出,最后额部和螯足才蜕出。幼蟹在蜕去外壳的同时,它的内部器官,如胃、鳃、后肠以及三角膜也要蜕去几丁质的旧皮,就连胃内的齿板与栉状骨也要更新。另外,蟹体上的刚毛也随着旧壳一起蜕去,新的刚毛将由新体长出。

112. 什么是河蟹的生长蜕壳?

生长蜕壳就是河蟹在生长过程中进行的蜕壳,包括正常蜕壳和应激蜕壳两种。

(1)正常蜕壳 河蟹的一生,从溞状幼体、大眼幼体、幼蟹到成蟹,要经历许多次蜕壳。幼体每蜕一次皮就变态一次,也就分为一期。从大眼幼体蜕皮变为第一期仔蟹始,以后每蜕一次壳它的体长、体重均作一次飞跃式的增加,从每只大眼幼体 6～7 毫克的体重逐渐增至 250 克的大蟹,至少需要蜕壳数十次。因此,河蟹蜕壳是贯穿整个生命的重要生理过程,是河蟹生长、发育的重要标志,每次蜕皮都是河蟹的生死大关。幼蟹蜕壳 1 次,体长、体宽的变化也较大。例如,一只体宽 2.8 厘米、体长 2.5 厘米的幼蟹,蜕一次壳,体宽可增加至 3.5 厘米,体长可增加至 3.4 厘米。

(2) 应激蜕壳 这是一种非正常蜕壳,也是临时性的蜕壳,主要原因是河蟹受到气候、环境的变化而产生的一种应激性反应,另外用药、换水等也会刺激河蟹蜕壳。

113. 什么是河蟹的生殖蜕壳?

这是河蟹为了完成生殖活动而进行的一次蜕壳,发生在每年的 9 月份至 10 月中旬,黄壳蟹蜕变成青壳蟹就是生殖蜕壳,这也是河蟹一生中最后一次蜕壳。

114. 影响河蟹蜕壳的因素有哪些?

影响河蟹蜕壳的因素很多,包括水温、饵料、生长阶段等。在长江口区的自然温度条件下,出膜的第一期溞状幼体要发育到大眼幼体,需 30～40 天,而在人工育苗条件下,在水温 23℃左右、饵料丰富的情况下,第一期溞状幼体经过 20～30 天即可变成大眼幼体。大眼幼体放养以后,在 20℃的水温条件下,3～5 天即可蜕皮一次变为第一期仔蟹,以后每间隔 5～7 天,可相继蜕皮发育成第二期、第三期仔蟹。随着身体的增大,蜕壳间隔的时间也会逐渐延长。

如果饵料供应不足、水温下降、生态环境恶化也会影响河蟹的蜕壳次数。因此,即使同一单位、同样条件繁殖同一批蟹苗,放养条件不同,到收获时往往会有很大的个体差异。

115. 导致河蟹蜕壳困难和软壳的原因有哪些？

我们在养殖过程中,常常会发现有些河蟹会出现蜕壳难、蜕下的壳很软,甚至在蜕壳过程中死亡的现象。造成蜕壳困难和软壳的原因很多,主要有以下几方面:一是养蟹池的水质恶化,表现为旧壳仅蜕掉一半就会死亡或蜕掉旧壳后身体反而缩小。二是河蟹的投喂方面出现问题,要么是长期投喂饵料不足导致河蟹处于饥饿状态;要么是投喂的饵料质量差,含钙低或原料质量低劣或变质,从而导致河蟹摄食后不足以用来完成蜕壳行为。三是由于河蟹放养密度过大、过密,造成河蟹间相互残杀、互相干扰而延长蜕壳时间或蜕壳不遂而死亡。四是在蜕壳时发生水温突变,主要是发生于早春的第一次蜕壳,这时的低温会阻碍蜕壳的顺利进行。五是在养殖过程中乱用抗生素、滥用消毒药等,从而影响蜕壳或产生不正常现象。六是光照太强或水的透明度太大,水清到底,也会影响河蟹蜕壳的正常进行。七是池水 pH 高和有机物含量下降,水中和饵料中钙、磷含量偏低,造成河蟹体内缺少钙源,甲壳钙化不足而导致蜕壳困难。最后,就是纤毛虫等寄生虫寄生在河蟹的甲壳表面,影响了河蟹的蜕壳。

116. 确定河蟹蜕壳的方法有哪几种？

要想对蜕壳蟹进行有效的保护,就必须掌握河蟹蜕壳的时间和规律,本书就介绍几种实用的确定河蟹蜕壳的方法,供养殖户参考。

(1)看空壳 在河蟹养殖期间,要加强对池塘的巡视,观察池塘蜕壳区、浅水处水草边和浅滩处是否有蜕壳后的空蟹壳,如果发现有空壳出现,就表明河蟹已开始蜕壳了。

(2)**检查河蟹摄食情况** 河蟹总是在蜕壳前几天摄食迅猛,目的是为后面的蜕壳提供足够的能量,但是到了即将蜕壳的前1～2天,河蟹基本上不摄食。如果在正常投喂后,发现近两天饵料的剩余量大大增加,在对河蟹检查后并没有发现蟹病发生,也没有出现明显的水质恶化,那就表明河蟹即将蜕壳。

(3)**检查河蟹体色** 蜕壳前的河蟹壳很坚硬,体色深,呈黄褐色或黑褐色,步足硬,腹甲黄褐色的水锈也多。而蜕壳后,河蟹体色变得鲜亮清淡,腹甲为白色,无水锈,步足柔软。

(4)**看河蟹规格大小** 定期用地笼对河蟹进行捕捞检查,如果在生长检查时,捕出的群体中,大部分的河蟹规格差不多,比较整齐,如果发现了体大、体色淡的河蟹,则表明河蟹已开始蜕壳了。这是因为河蟹蜕壳后壳长比蜕壳前增加20%,而体重比蜕壳前增长了近1倍。

117. 为什么要保护蜕壳河蟹？如何保护蜕壳蟹？

河蟹只有蜕壳才能长大,蜕壳是河蟹生长的重要标志,它们也只有在适宜的蜕壳环境中才能正常顺利蜕壳。在蜕壳时它们要求浅水、弱光、安静、水质清新的环境和营养全面的优质适口饵料。当然,蜕壳并不限于在水中进行,仔蟹、蟹种和成蟹蜕壳有时也离开原来的栖息隐藏场所,选择比较安静且可以隐藏的地方,如通常潜伏在盛长水草的浅水里进行。如果不能满足上述生态要求,河蟹就不易蜕壳或造成蜕壳不遂而死亡。

幼蟹正在蜕壳时,常常静伏不动,如果受到惊吓或者蟹壳受伤,那么蜕壳的时间就会大大延长,如果蜕壳发生障碍,就会引起死亡。河蟹蜕壳后,皱折在旧壳里的新体舒张开来,机体组织需要吸水膨胀,体型随之增大,此时其身体柔软无力,肢体软弱无力,活动能力较弱,螯足绒毛呈粉红色,俗称软壳蟹,需要在原地休息 40 分钟左右,才能爬动,钻入隐蔽处或洞穴中,1～2 天后,随着新壳的逐渐硬化,才开始正常的活动。由于河蟹蜕壳后的新体身体柔软,活动能力很弱,无摄食与防御能力,因此这个时候极易受同类或其他敌害生物的侵袭。所以,每一次蜕壳,对河蟹来说都是一次生死难关。特别是每一次蜕壳后的 40 分钟,河蟹完全丧失抵御敌害和回避不良环境的能力。在人工养殖时,促进河蟹同步蜕壳和保护软壳蟹是提高河蟹成活率的技术关键之一,也是减少疾病发生的重要举措。

河蟹在蜕壳的进程中和刚蜕壳不久,尚无御敌能力,是生命中的危险时刻,养殖过程中一定要注意这一点,设法保护软壳蟹的安全。

一是为便于加强对蜕壳蟹的管理,应通过投喂、换水等措施,促进河蟹群体统一蜕壳。

二是为河蟹蜕壳提供良好的环境,给予其适宜的水温、隐蔽场所和充足的溶解氧,池水不可灌得太多,因为水位深,蟹体承受压力大,就会增加河蟹蜕壳的困难,所以在建池时应留出一定面积的浅水区,或适当留一定的坡比,供河蟹蜕壳用。

三是放养密度合理,放养大小一致,以免因密度过大和体格相差悬殊而造成相互残杀。

四是投喂区和蜕壳区必须严格分开,严禁在蜕壳区投放饵料,蜕壳区如水生植物少,应增投水生植物,并保持安静。

五是每次蜕壳来临前,不仅要投喂含有钙质和蜕壳素的配合饵料,力求同步蜕壳,而且必须增加动物性饵料的数量,使动物性饵料比例占投喂总量的 1/2 以上,保持饵料的喜食和充足,以避免因饵料不足而导致软壳蟹被残食。

六是河蟹蜕壳时喜欢在安静的地方或隐蔽的地方,因而在大批量河蟹蜕壳时,需有足够的水草,可以临时提供一些水花生、水浮莲等作为蜕壳场所,保持水位稳定,一般不需换水,减少投喂和人为干扰,并保持安静,应尽量少让人进入池内,也少用捞海捕苗检查,更不能让鹅、鸭等家禽进入培育池,以免使河蟹在蜕壳时受惊,引起死亡。

七是在清晨巡塘时,发现软壳蟹,可捡起放入水桶中暂养1～2小时,水桶内可放入适量的离子钙或蜕壳素,用水化开,待河蟹吸水涨足,能自由爬动后,再放回原池。有条件的话,可以收取刚蜕壳的河蟹另池专养。

八是河蟹在蜕壳后蟹壳较软,需要稳定的环境,此时不能施肥、换水,饵料的投喂量也要减少,以观察它的实际摄食量为准投喂。待蟹壳变硬,体能恢复,大量出来活动沿池边寻食时,可以大量投喂,强化河蟹的营养,促进其生长。

118. 养蟹池塘中常见的毒害有哪些?

养蟹池塘中常见的毒害有重金属中毒、药物(消毒药、杀虫药、灭藻药)中毒、亚硝酸盐中毒、硫化氢中毒、氨中毒、饵料霉变中毒、藻类中毒等,其中重金属对河蟹养殖的危害较为严重。

119. 导致养蟹池塘产生毒害的原因有哪些?

常见的重金属离子有铅、汞、铜、镉、锰、铬、砷、铝、锑等,重金属的来源主要有3个方面:一是来自工业废水、生活污水、种养污水等,它们在排放后通过一定的渠道会注入或污染河蟹养殖的进水口,从而造成重金属超标,不经过解毒处理无法用于放养蟹种。二是来自于地下水,其本身重金属超标。三是自我污染,也就是说在养殖过程中滥用各种吸附型水质和底质改良剂等,从而导致重金属离子超标。尤其是在养殖中后期,塘底的有机物随着投喂量和河蟹粪便以及动植物残体的不断增多,底质环境非常脆弱,受气候、溶氧量、有害微生物的影响,容易产生氨氮、硫化氢、亚硝酸盐、甲烷、重金属等有毒物质,其中的有些有毒成分可以检出,有的受条件限制无法检出,比如重金属和甲烷。还有一种自我污染的途径就是由于管理的疏忽,对塘底的有机物没有及时有效的处理,造成水质富营养化,产生水华和蓝藻,那些老化及死亡的藻类,以及泼洒消毒药后投喂的饵料都携带有毒成分,且容易被河蟹误食,从而造成河蟹中毒。

120. 如何做好养蟹池塘的防毒解毒工作?

防毒解毒是指定期有效地预防和消除养殖过程中出现或可能出现的各种毒害,如重金属超标会严重损害河蟹的神经系统、造血系统、呼吸系统和排泄系统,从而引发神经功能紊乱、代谢失常、肝胰腺坏死、肝脏肿大、败血、黑鳃、烂鳃、停止生长等症状。因此,我们在河蟹的日常管理工作中要做好防毒解毒工作,从而消除养殖的健康隐患。

首先,应对外来的养殖水源加强监管,努力做到不使用污染水源;其次,在使用自备井水时,要做好暴晒工作和及时用药物解毒工作;再次,在养殖过程中做到不滥用药物,减少自我污染的可能性。高密度养殖的池塘环境复杂而脆弱,潜伏着致病源的隐患随时都威胁着河蟹的健康养殖,因此养殖中后期的定期解毒排毒很有必要。

121. 养蟹池塘如何防应激、抗应激?

防应激和抗应激对水草、藻相和河蟹都很重要。如果水草、藻相因应激因素而死亡,那么水环境就会发生变化,直接导致河蟹发生应激反应。可以这样说,大多数的河蟹病害是因应激反应才导致蟹体活力减弱,病原体侵入河蟹体内而引发的。

水草、藻相的应激反应主要是受气候、用药、环境变化(如温差、台风、低气压、强降雨、阴雨天、风向、夏季长时间水温高、泼洒刺激性较强的药物、底质腐败等因素)的影响而发生。为防止气候变化引起应激反应,应养成关注天气气象信息的好习惯,提前预知未来3天的天气情况,当出现闷热无风、阴雨连绵、台风暴雨、风向不定、雨后初晴、持续高温等恶劣天气和水质混浊等不良水质时,不宜过量使用微生物制剂或微生物底改制剂调水改底,更不宜使用消毒药。同时,应酌情减少投喂或停喂,否则会刺激河蟹产生强应激反应,从而导致恶性病害发生,造成严重后果。

122. 如何加强养蟹池塘的日常管理?

(1) 建立巡池检查制度 勤做巡池工作,发现异常及时采取对策,早晨主要检查有无残饵,以便调整当天的投喂量。中午测定水温、pH、氨氮和亚硝酸盐等有害物的含量,观察池水变化。傍晚或夜间主要观察了解河蟹活动及摄食情况。经常检查维修加固防逃设施,台风暴雨时应特别注意做好防逃工作(表2)。

表2 养蟹池塘日常管理记录

蟹池号:　　　　　面积:

日期	时间	天气	气温(℃)	水温(℃)	水质指标				水色	投喂情况	健康状况	用药情况	其他
					pH	溶氧量	氨氮	亚硝酸盐					

(2)加强蜕壳蟹的管理 通过投喂、换水等措施,促进河蟹群体集中蜕壳。蟹池中始终保持有较多的水生植物,蜕壳后及时添加优质饵料,严防因饵料不足而引发河蟹之间的相互残杀。大批河蟹蜕壳时严禁干扰,蜕壳后立即增喂优质适口饵料,防止相互残杀,促进生长。

(3)水草的管理 根据水草的长势,及时在浮植区内泼洒速效肥料。肥液浓度不宜过大,以免造成肥害。如果水花生高达25~30厘米时,就要及时收割,收割时须留茬5厘米左右。其他的水生植物,也要保持合适的面积与密度。

(4)其他管理 包括在汛期加强检查,严防逃蟹,防偷、防缺氧、防漏水以及记载饲养管理日志等工作,亦须认真做好。

123. 河蟹与翘嘴红鲌如何混养?

(1)池塘条件 可利用原有蟹池,也可利用养鱼塘加以改造。要选择水源充足、水质良好的池塘,水深为1.5米以上,水草覆盖率达35%。

(2)养殖前的准备工作

①清整池塘 主要是加固塘埂,利用冬闲季节,将池塘中过多的淤泥清出,干塘冻晒,同时把浅水塘改造成深水塘,使池塘能保持水深达到1.8米以上。消毒清淤后,每667米² 水面用生石灰75~100千克化浆后趁热全池泼洒,以杀灭黑鱼、黄鳝及池塘内的病原体等。

②进水 在蟹种或翘嘴红鲌鱼种投放前20天即可进水,水深达到50~60厘米。进水时应用60目筛绢布严格过滤。

③种草 投放蟹种前应移植水草,使河蟹有良好的栖息环境。水草培植一般可播种苦草或移栽伊乐藻、轮叶黑藻、金鱼藻及聚草等。种植苦草,用种量每667米² 水面用400~750克,从4月10

日开始分批播种,每批间隔 10 天。播种期间水深控制在 30～60
厘米。在苦草发芽及幼苗期,应投喂马铃薯等植物性饵料,减少河
蟹对草芽的破坏。水草难以培植的塘口,可在 12 月份移植伊乐
藻,行距 2 米,株距 0.5～1 米。整个养殖期间水草总量应控制在
池塘总面积的 50%～70%。水草过少要及时补充移植,过多应及
时清除。

④投螺 每 667 米² 水面放养螺蛳 500 千克。

(3)防逃设施 做好河蟹的防逃工作至关重要,具体的防逃工
作和设施应与前述一致。另外,在进、出水口用铁丝网制成防逃
栅,防止河蟹逃跑。

(4)培育河蟹基础饵料 在消毒进水药物毒性消失后,即可补
充投放天然饵料,在清明节前投放鲜活螺蛳,每 667 米² 水面投放
300～400 千克。

(5)放养时间 蟹种放养工作应在 3 月 20 日之前完成。蟹种
的选择应该优先考虑长江天然苗培育的蟹种,其次是种质优良的
人工培育的蟹种。规格大小为 70～120 只/千克,每 667 米² 水面
可放养 400～600 只。蟹种要求体色鲜亮,无残无病,活动力强,无
第二性征。

翘嘴红鲌冬片放养时间为当年 12 月份至翌年 3 月底之前。
放养密度宜少不宜多,以水中野杂鱼为主要饵料时,每 667 米² 水
面放养 15 厘米规格的鲌鱼种 200～300 尾。另外,可放养 3～4 厘
米规格的夏花 500～1 000 尾,搭配放养白鲢鱼种 20 尾,花鲢鱼种
40 尾。

(6)饵料投喂 翘嘴红鲌的饵料来源有 7 个方面,一是水域中
的野杂鱼和活螺蛳;二是水域中培育的饵料鱼;三是河蟹吃剩的野
杂鱼(死鱼);四是饲养管理过程中补充的饵料鱼(在生长后期饵料
鱼不足时,应补充足量饵料鱼供鲌鱼及河蟹摄食);五是投喂配合
饵料;六是投放植物性饵料,以水草、玉米、蚕豆、南瓜为主。许多

养殖户认为养殖河蟹不需要投喂,这种观念是非常错误的,实践表明,不投喂的河蟹个头小、性征明显、成熟快、市场认可度低,价格也低。

投喂量则主要根据河蟹、鲌两者体重计算,每日投喂 2～3 次,投喂率一般掌握在 5%～8%,具体视水温、水质、天气变化等情况调整。投喂饵料时翘嘴红鲌一般只吃浮在水面上的饵料,投放进去的部分饵料因来不及被鱼吃掉而沉入水底,而河蟹则喜欢在水底摄食,这种摄食方式的差异可以起到促进养殖大丰收的效果。

(7)日常管理

①水质管理 水质管理工作主要是培植水草、药物消毒、及时换水等。水质要保持清新,时常注入新水,使水质保持高溶氧量。水位随水温的升高而逐渐增加,池塘前期水温较低时,水宜浅,水深可保持在 50 厘米,使水温快速提高,促进河蟹蜕壳生长。随着水温升高,水深应逐渐加深至 1.5 米,使底部形成相对低温层。水色要清嫩,透明度在 35～40 厘米,夏季坚持勤加水,以改善水体环境,使水质保持高溶氧量。水草生长期间或缺磷的水域,应每隔 10 天左右施一次磷肥,每次每 667 米^2 水面施用 1.5 千克,以促进水生动物和水草的生长。

②病害防治 对蟹、鲌的疾病防治主要以防为主,防治结合,重视生态防病,通过营造良好生态环境而减少疾病发生。平时要定期泼洒生石灰、磷酸二氢钙以改善水质,如果发病,用药要注意兼顾河蟹、翘嘴红鲌对药物的敏感性,在整个养殖期间禁止使用敌百虫、溴氰菊酯等杀虫药物。

③做好投喂工作 饵料投喂前期河蟹放养后,宜投喂新鲜鱼、螺肉等精饵料,辅以投喂马铃薯等植物性饵料,投喂量占河蟹体重的 5%左右,随着河蟹的生长和水温的增高,投喂率也要相应增加,高温季节投喂以 2～3 小时吃完为度。

④加强巡塘 一是观察水色,注意河蟹和鲌鱼的动态,检查水

质、观察河蟹摄食情况和池中的饵料鱼数量。二是大风大雨过后及时检查防逃设施,如有破损及时修补,如有蛙、蛇等敌害及时清除。三是仔细观察残饵情况,及时调整投喂量,并详细记录养殖日记,以随时采取应对措施。

124. 河蟹与鳜鱼如何套养?

(1) 清整池塘　首先是抽水暴晒,利用冬季空闲时间进行清池,抽干池水,暴晒 1 个月(可适当冰冻)。其次是清淤,要及时清除淤泥,这对陈年池塘尤为重要,为了方便翌年种植水草,宜留10～15 厘米的淤泥层。再次是修坡固堤,要及时加固塘埂,维修护坡,使坡比达到 1:2.5～3。最后就是做好消毒工作,每667 米^{2}水面施干燥的生石灰 75 千克,并耙匀,也可用生石灰化水后趁热全池泼洒。

(2) 选择鳜鱼品种

目前,在自然流域中生长的鳜鱼种类较多,有大眼鳜、翘嘴鳜、斑鳜、暗鳜、石鳜和波纹鳜等,最常见的是大眼鳜、翘嘴鳜。根据生产经验和实际效果来看,翘嘴鳜具有明显的生长优势,应是第一优先品种,因此在选购种苗时一定要分清,以免误选而导致亏本。

大眼鳜和翘嘴鳜两者的主要区别是在于眼的大小不同,大眼鳜眼大,占头长的 1/4 左右,很明显,因此许多渔民又称之为睁眼鳜;而翘嘴鳜的眼较小,仅占头部的 1/6,因此渔民为了区别就称之为细眼鳜。从其他方面也能区别,如大眼鳜背部较平,身体相对较修长,体形似鲤鱼的形状;而翘嘴鳜的背部隆起,显得体较高而显侧扁,身体呈菱形,有点像团头鲂。

(3) 鳜鱼的投喂

①鳜鱼饵料的准备　在投放鳜鱼苗种前,必须保证有充足的适口饵料鱼供应,可一次投足或分批投喂。如果饵料大小不适口、

数量不充足,不但影响鳜鱼的生存、生长、发育,而且导致同类相残,弱肉强食。可人为地在池塘中投放鲜活的饵料鱼,时间是在 4 月初,此时水草基本成活并恢复生长态势,有利于饵料鱼存活。每 667 米^2 要选择性腺发育良好、无病无伤的二冬龄鲤鱼或鲫鱼(雌雄性比控制在 2:1 为宜)5 千克。在下塘时,用 10 毫克/升高锰酸钾溶液浸洗 5 分钟或 5% 食盐水溶液浸洗 30 秒钟,在水草茂盛区入池。待 5 月中旬前后,性腺发育良好的鲤、鲫鱼会自然繁殖,为鳜鱼提供大量的鲜活饵料鱼。另一方面,也可每月或每 15 天根据鳜鱼的实际生长情况和池塘的储备量来定期定量地补充饵料鱼。

②集中诱饵 在自然条件下,鳜鱼通常利用体表的颜色和花纹,隐藏于水草或瓦砾缝隙之间,等被捕对象游近时再突然袭击。根据这一特点,可以在池塘边角上堆放一些树枝杂草或砖石瓦块,供鳜鱼栖息,同时常向这些区域投放有诱惑力的饵料,如菜籽饼等,以利于将饵料鱼和其他野杂鱼引诱集中在一起,便于鳜鱼捕食。

(4) 河蟹的投喂

①水草的准备 在每年的 3 月初即可进行人工水草的储备,保持池塘的水深在 30～40 厘米,把伊乐藻或聚草分段后进行扦插,扦插时不能太疏也不宜太密,一般行距为 1 米,株距为 1.5 米。

②移植活田螺 为了满足河蟹对动物性饵料的需求,在 4 月中旬,每 667 米^2 水面投放鲜活田螺 250～300 千克。

(5) 鱼种投放 鳜鱼鱼种投放的规格力求在 10 厘米以上,每 667 米^2 水面套养 20 尾,这样的大规格鱼种,经过一冬龄的养殖,即可达到 400 克左右的商品规格,保证当年投放,当年受益。苗种规格越大,成活率越高,生长越快,经济效益越好。但是规格大,投资和风险相应增大,所以适宜的规格在 10 厘米为宜。要求苗种体质健壮无病、无伤、无害,活动能力强。投放密度应根据饵料鱼的多寡以及养殖模式而决定。套养投放时,应以稀放为原则,以期当年受益。而且必须一次投足,规格大小应一致,以免发生"大吃小"的残食现象。

在苗种下塘时,先将苗种袋放入池水中浸泡10分钟进行苗种试水试温,直到池水和袋内的水温一致后,加入5%食盐水浸泡5分钟,然后将鱼苗缓缓倾入水草茂盛区。

(6)蟹种的暂养与放养 蟹种全部选用上年培育的扣蟹,规格平均为80~100只/千克,要求规格整齐,附肢健全,无病、无伤、无残疾,活动能力强,应激反应快,每667米² 放养400只左右。4月中旬入池,在进入大池前,先暂养在池塘进水口一侧,面积占池塘的1/10。加强人工投喂,到5月中旬,当池塘的水草覆盖率超过30%时,撤去暂养围网,使扣蟹进入大塘区域饲养。

(7)养殖模式多样化 鳜鱼单养不如套养,密养不如稀养,精养不如粗养,以稀放套养效果最佳,尤其是在那些天然饵料丰富、河蟹和鳜鱼活动空间大的池塘,生长最快。

(8)水质管理 鳜鱼和河蟹都喜欢清新的水质,对低溶氧量的忍耐力较差,而且丰富的溶氧量不但有助于河蟹的肥满,也有助于鳜鱼的生长,故蟹鳜套养的池塘施肥不能太多、太勤,在日常管理中应重点加强水质的人为调控。

①加注新水增加溶氧量 每5~7天注水1次,注水量为20厘米,每15天换水1/3,高温季节每天先在排水口排水,再注入等量的新鲜水,保持每天水位改变幅度在10厘米左右。在盛夏高温季节,加大换水力度,每3天换冲水1次,同时要加足水位。

②调节水中的酸碱度 在水深1米的情况下,每667米² 水面用20千克生石灰化水后趁热全池泼洒,调节水体pH在7.2~8,每15天使用1次。

③施用生物制剂调节 每月施用1次高效的生物制剂进行调节,如EM原露或活性硝化细菌,可提高水体的有效活性微生物,

有效保证水质的优化。

④开动增氧机 每天坚持早、晚巡塘,查看水边鱼、蟹活动情况,如果水质过肥,鳜鱼和河蟹在池边游动不安,要及时换冲水或开动增氧机,因为鳜鱼对溶氧量十分敏感,一旦发生泛塘现象,池内套养的鳜鱼几乎会全部死光。

(9)饵料投喂 鳜鱼的投喂主要是适时、适量投喂适口的饵料鱼,满足鳜鱼对饵料鱼的需求。它的饵料源在前面已经表述过。另外,可根据饵料鱼的供应情况,适当补充一些活的饵料鱼。每7天为1个投喂期,根据检测的生长速度数据、摄食状况、水温升降情况、饵料鱼的适口程度等,适当增减饵料鱼的投喂量。

根据河蟹的生长规律和生长特点,可以采取"中间粗、前后精,移螺植草"相结合的投喂方式。初期以小鱼和颗粒饵料为主,中期以投喂水草、南瓜、小麦、玉米和轧碎的田螺为主,后期则弱化颗粒饵料的投喂,增加鱼虾和田螺的投喂,以增加河蟹的肥满度。

(10)疾病预防 "无病先防,有病早治"的原则对鳜鱼和河蟹尤为重要,一方面要不断改善生态环境,促进鳜鱼生长发育,增强自身对疾病的抵抗力。同时,在运输、投喂、消毒等方面要严格把关,尽量杜绝外来病原菌的侵入和人为的损伤。治病时,施药的种类及浓度要慎重,因为鳜鱼对敌百虫等药物特别敏感,很小的浓度就会致其死亡。

另外,河蟹对高浓度的硫酸铜溶液也有不良反应,因此尽量不要施用有毒的化学药品,主要采取生态防治为主。一是严防苗种的引进关;二是抓好苗种的检疫关;三是加强对苗种的消毒关;四是抓好水质的调节关;五是抓好饵料的质量关。

(11)捕捞 由于鳜鱼有"趴窝"的习性,因此网捕效果不佳,捕捞时采取多方法同时进行。首先,用地笼捕捞河蟹,可以捕获90%左右的河蟹(也会捕获少量鳜鱼);其次,经过降水冲水刺激后,再用地笼捕捞,基本上能捕捞所有的河蟹。再次,用网捕捕出大部分的其他经济鱼类和野生鱼类;最后,干塘一次性捕获鳜鱼,也可在干塘前用丝网进行捕捞,也能捕捞 40% 左右的鳜鱼。

125. 养殖罗非鱼时如何混养河蟹?

罗非鱼为一种中小型鱼,是世界水产业的重点科研培养的淡水养殖鱼类,且被誉为未来动物性蛋白质的主要来源之一。罗非鱼与河蟹一样,可以存活于湖泊、江河、池塘中,它有很强的适应能力,且对溶解氧较少的水体有极强的适应性。

(1) 混养原理　这种养殖模式主要是根据罗非鱼繁殖力强、性成熟早、在静止水体内能自然繁殖,孵出的鱼苗能为河蟹提供活饵料,且罗非鱼与河蟹在食性和生活习性上不同等特点而设计。罗非鱼不耐低温,当水温低于 15℃ 时,罗非鱼处于休眠状态。在我国长江流域一带,养殖期只有 6 个月,池塘空闲达 5 个月之多,而河蟹在罗非鱼不宜生长时却仍能摄食生长,从而提高水体利用率和养殖效益。

(2) 池塘条件　池塘要选择在背风向阳、水源充足、水质清新、水质良好无污染、安静且交通便利的地方,池塘面积 2 001~3 335 米²,水深为 1.5 米以上,池塘底泥厚度为 20~30 厘米。每口池塘配备 1 台 1.5 千瓦的叶轮式增氧机。

(3) 清塘施肥　在鱼种和蟹种放养前,利用冬闲时节清塘消毒,每 667 米² 水面用生石灰 75~100 千克清塘,7 天后加水至 1 米深,然后每 667 米² 水面施腐熟的粪肥 300~400 千克,可放入少量的绿萍或红萍。

(4) 罗非鱼放养时间　每年春季当水温回升,稳定在 15℃ 以上时(约在 5 月中旬),开始放养冬片鱼种。一般每 667 米² 水面放养鱼种 1 500~3 000 尾,同时混养鲢、鳙鱼种各 40~70 尾,以控制水质。

(5) 河蟹放养模式及数量 河蟹的放养时间与一般养殖模式的放养时间是一致的。蟹种全部选用上年培育的扣蟹,规格平均为 80～100 只/千克,要求规格整齐,附肢健全,无病、无伤、无害,活动能力强,应激反应快,每 667 米² 水面放养 200 只左右。鱼种和蟹种下池前用 5% 食盐水或 0.1 毫克/升高锰酸钾溶液浸洗鱼体或蟹体 10～15 分钟。

(6) 饵料投喂 罗非鱼进入养殖水面后 2～3 天便可开始投喂。饵料中蛋白质含量开始应为 32%～35%,每天投喂量为鱼体总重量的 3%～5%。1 个月后投喂量可调至鱼体总重的 2%,并保证饵料中蛋白质含量在 27%～29%。每天投喂 2 次,时间分别在上午 8～9 时和下午 3～4 时。河蟹不需另外投喂饵料,这是因为河蟹既可以自行摄食水体中的水草、藻类,也可以摄取罗非鱼吃剩下的饵料,还可以捕食个体较小、游动速度不快的体弱的罗非鱼。

(7) 日常管理 每天早、中、晚测量水温、气温,每周测 1 次 pH,测 2 次水体透明度。清晨、夜晚各巡塘 1 次。

鱼种下塘后,要保持池水呈茶褐色,透明度为 25～30 厘米。一般每周施肥 1 次,每次每 667 米² 水面施畜粪肥 150～200 千克。在天气晴朗、水体透明度大于 30 厘米时可适当增加施肥量;水质过肥时,应减少或停止施肥,并注入新水。在高温季节,一般每周换水 1～2 次,每次换去池水的 20%～30%。

坚持健康养殖,按规程操作,预防鱼病。每隔 10～15 天,每 667 米² 水面用 15～20 千克生石灰化水全池泼洒,调节池水 pH 呈微碱性,用生物制剂改善池塘微生物结构,改良水质。当溶氧量低、鱼有轻度浮头时开启增氧机。

罗非鱼与河蟹套养的养殖模式,河蟹成活率高,生长快,可有效控制罗非鱼大量繁衍,从而达到减轻池塘养殖密度和增产增收的目的。

126. 河蟹与小龙虾如何混养?

由于河蟹会与小龙虾争食、争氧、争水草,且两者都具有自残和互残的习性,传统养殖一直把小龙虾作为蟹池的敌害生物,认为在蟹池中套养小龙虾是有一定风险的,认为小龙虾会残食正在蜕壳的软壳蟹。但是从笔者所在地区的养殖实践来看,养蟹池塘套养小龙虾是可行的,并不影响河蟹的成活率和生长发育。

(1)池塘选择 池塘选择以养殖河蟹为主,要求水源充足,水质清新、无污染,池底平坦,底质以沙石或硬质土底为好,无渗漏,进、排水方便,池塘建有独立的进、排水系统,进、排水口应覆盖双层密网,防止蟹、虾、鱼外逃,同时也能有效防止蛙卵、野杂鱼卵及其幼体进入池塘危害蜕壳虾、蟹。为了防止夏天雨水冲毁堤埂,可以开设一个溢水口,溢水口也用双层密网过滤,防止幼虾、幼蟹顶水逃走。另外,还要求池塘电力配套完备、交通便利、环境安静。

池塘以东西向,长方形,光照足,面积为 6 670~20 010 米² 为宜,便于管理,水深保持在 1.5~2 米。对于面积在 6 670 米² 以下的河蟹池,应改平底形为环沟形或井字形,池塘中间要多做几条塘中埂,埂与埂间的位置交错开,埂宽 30 厘米即可,只要略微露出水面即可。对于面积在 6 670 米² 以上的河蟹池,应改平底形为交错沟形。这些池塘改造工作应结合年底池塘清淤时一起进行。每6 670 米² 配备 1 台自动投喂机,每 667 米² 配备 0.15 千瓦微孔增氧设备。

(2)防逃设施 河蟹、小龙虾具有较强的逃逸能力,因此在池塘四周修建防逃设施是必不可少的工作。选用抗氧化的钙塑板,沿养殖池埂四周内侧埋设,钙塑板高 60~70 厘米,埋入土内 10~20 厘米压实,高出地面 50 厘米,板与板之间应结合紧密,不留缝隙,每隔 1~2 米竖 1 根木桩或竹桩支撑固定并稍向池内倾斜,将板打孔后用细铁丝固定在桩上,四角做成圆弧形,防止小龙虾沿夹角攀爬外逃。这种防逃设施能抗住较大的风灾袭击,是当前养殖者广泛使用的一种防逃设施。此外,在塘埂外侧,用高 1.2～1.5 米、底部埋入土内 10 厘米、用木桩或竹桩固定的聚乙烯网片包围池塘四周,以防青蛙、鸭子等敌害生物进入池内。

(3) 隐蔽设施 池塘中要有足够的隐蔽物,可以设置竹筒、瓦片、网片、砖块、石块、竹排、塑料筒、人工洞穴等隐蔽物体供河蟹和小龙虾栖息穴居,一般每 667 米^2 水面要设置 3 000 个以上的人工巢穴。

(4) 池塘清整、消毒 冬天干塘后清除杂草和池底淤泥,加固塘埂,做好平整塘底、清整塘埂的工作,使池底和池壁有良好的保水性能,尽可能减少池水的渗漏。同时,对池塘四周的防逃设施进行严格检查,发现损坏及时修复。经修整过的池塘需冰冻、暴晒 15～20 天,然后每 667 米^2 水面用 150～200 千克生石灰加水调配成溶液后全池泼洒,并随即均匀翻耙底泥。生石灰清塘不仅能杀灭有害生物如鲶鱼、泥鳅、乌鳢、蛇、鼠等和各种病原体,而且能改善池底土质,而且还能补充蟹、虾发育生长所需的钙质。

(5) 注水施肥 待清塘药物药性消失后,注水施肥培育饵料生物。通常每 667 米^2 水面施复合肥 50 千克、碳铵 50 千克,有条件的地方还应施用发酵好的有机肥 150～200 千克,一次施足。发酵好的有机肥肥效虽慢,但肥效长,对蟹、虾、鱼的生长无影响。

(6) 种植水草 河蟹、小龙虾同属甲壳类动物,食性相似,也具有同类相残的特性。因此,种植水草是河蟹、小龙虾养殖过程中的重要环节,是一项不可缺少的技术措施。"蟹大小,看水草""虾多少,看水草",在水草多的池塘养殖河蟹和小龙虾其成活率就非常高。水草是小龙虾和河蟹隐蔽、栖息、蜕壳生长的理想场所,可以避免被敌害发现,并减少相互残杀。水草通过光合作用增加水中溶氧量,并可吸收水体中的有机质,防止水质富营养化,可起到净化水质、降低水体肥度、提高水体透明度、促使水环境清新的重要作用。同时,在养殖过程中,有可能发生投喂饵料不足的情况,由于河蟹和小龙虾都会摄食部分水草,因此水草也可作为河蟹和小龙虾的天然优质植物性补充饵料,能有效降低养殖成本。

通常河蟹、小龙虾、鳜鱼混养池塘内,以种植伊乐藻、轮叶黑藻、苦草为主,水草面积占全池面积的 60%～70%,水草不足时要及时补充,水草过密时要人工割除,以确保养殖池塘有足够的受光面积。这样,可将河蟹和小龙虾相互之间的影响降至最低。另外,小龙虾和河蟹最好在蟹池中水草生长起来后再放入。

(7) 投放螺蛳 螺蛳价格低、来源广,适量投放螺蛳让其自然繁殖,可为河蟹、小龙虾提供喜食的天然动物性饵料,有利于降低养殖成本。投放螺蛳一方面可以净化底质,另一方面可以补充动物性饵料,还有一点就是螺蛳肉被吃完后留下的壳可以为水体提供一定量的钙质,能促进河蟹和小龙虾的蜕壳,所以池塘中投放螺蛳至关重要,千万不能忽视。

螺蛳投放采用两次投放法,第一次投放时间为清明节前后,投放量为 200～250 千克/667 米²。第二次投放时间为 8 月份,投放量为 100 千克/667 米² 左右。

(8) 苗种的放养 生石灰消毒后 7～10 天、水质正常后即可放苗。同一池塘放养的虾苗和蟹种规格要一致,一次放足。

① 蟹种的放养 选择以长江水系野生河蟹为亲本繁殖的蟹苗,经过自育或在本地培育而成的优质大规格扣蟹放养。要求蟹种一是体表光洁亮丽、体质健壮、附肢齐全、爬行敏捷、无伤无病、生命力强。二是规格整齐,扣蟹规格在 50～80 只/千克,扣蟹放养密度为 500～600 只/667 米²。放养时间在 2 月底至 3 月初,也可选择在冬季放养。

② 小龙虾的放养 要求放养的小龙虾规格整齐一致,个体丰满度好,爬动迅速有力。小龙虾的放养方式有两种:一种方式是将

上年养殖的成虾留塘养殖,任其自然繁殖小虾苗,留塘成虾量为 8~12 千克/667 米²。2~3 年后,将不同塘口的雌、雄龙虾交换放养,以免因近亲繁殖而影响小龙虾种群的长势及抗病力。另一种方式是选择本地培育和湖区收购的幼虾放养,放养规格为 4~5 厘米,放养密度为 15 千克/667 米² 左右,放养时间在 4~5 月份。

③鳜鱼的放养 选择经强化培育后的大眼鳜鱼苗放养。要求鳜鱼苗规格整齐、体质健壮、体表光滑、体色鲜艳、无伤无病。放养规格为 5~6 厘米/尾,放养密度为 10~15 尾/667 米²,具体放养密度视池内野杂鱼数量而定。放养时间在 5 月中旬至 6 月初。放养鳜鱼可充分利用池中的野杂鱼为饵料,实现低质鱼向高质鱼的转化。

④其他鱼种的放养 3~4 月份可投放规格为 6~8 尾/千克的鲢、鳙鱼种,放养密度为 30~50 尾/667 米²。放养滤食性鱼类能充分利用养殖池塘水体中的浮游生物饵料和有机碎屑等资源,既可降低生产成本、增加收入,又可维护良好的水体生态环境,减少污染和病害的发生。具体每 667 米² 放养情况见表 3 所示。

表 3　每 667 米² 放养苗种情况

品　种	时　间	数　量	规　格
河　蟹	2~3 月份	500~600 只	50~80 只/千克
小龙虾	4~5 月份	15 千克	4~5 厘米
鳜鱼	5~6 月份	10~15 尾	5~6 厘米
鲢、鳙鱼	3~4 月份	30~50 尾	6~8 尾/千克

上述苗种在放养前必须用 3%~5% 食盐水浸洗 10~15 分钟,以杀灭苗种体表的寄生虫和致病菌。浸洗苗种所使用过的盐水需另行处理,切不可让其进入养殖池内。

(9)合理投喂 河蟹与小龙虾一样,都是食性杂且比较贪食,喜食小杂鱼、螺蛳、黄豆,也食配合饵料、豆饼、花生饼、剁碎的空心菜及低值贝类等饵料,让河蟹和小龙虾吃饱是避免河蟹和小龙虾自相残杀和互相残杀的重要措施,因此要准确掌握池塘中河蟹和小龙虾的数量,投足饵料。饵料投喂要掌握"两头精、中间粗"的原则。在大量投喂饵料的同时要注意调控好水质,避免大量投喂饵料造成水质恶化,引起虾、蟹死亡。鳜鱼以养殖池塘中的鲜活野杂鱼为食;鲢、鳙鱼以养殖水体中的浮游生物、有机碎屑等资源为食,所以这两种鱼类的饵料不必再作考虑。

(10)水质管理 强化水质管理,保证溶氧量充足,保持水质"肥、爽、活、嫩"。

春季以浅水为主,水深控制在 0.5～0.8 米,这样有利于水温升高、水草生长、螺蛳繁殖以及河蟹和小龙虾的蜕壳生长。这段时间要注重培肥水质,适量施用一些基肥,培育小型浮游动物供小龙虾摄食。

夏、秋季经常注入新鲜水,每 15～20 天换 1 次水,每次换水 1/3。控制水深在 2 米左右,透明度保持在 35～40 厘米,这样有利于河蟹、小龙虾、鳜鱼的摄食和快速生长。水质过肥时用生石灰消杀浮游生物,一般每 20 天用 10 千克/667 米² 生石灰化水全池泼洒 1 次,既可起到调节水质和消毒防病的作用,又能补充养殖动物生长所需的钙质。也可采用光合细菌、枯草杆菌等微生物吸收水中、水底的有毒物质如硫化氢、铵盐等;使用底质改良剂,改善池底淤泥状况,分解淤泥中的硫化氢、氨氮等有害物质,提高溶氧量,稳定 pH,以增加河蟹、小龙虾、鳜鱼的机体免疫力,促进其健康生长。

根据水体溶氧量变化规律,确定开机增氧时间和时段。一般 3～5 月份的阴雨天半夜开机,至日出停止;6～10 月份下午开机 2 小时左右,日出前再开机 1～2 小时。连续阴雨或低气压天气,夜间 9～10 时开机,持续到翌日中午;养殖后期勤开机,以利于增加河蟹、小龙虾、鳜鱼的规格和品质。有条件的应进行溶氧量检测,适时开机增氧,以保证水体溶氧量在 6～8 毫克/升。

进入 8 月份,是河蟹、小龙虾、鳜鱼的浮头季节,此时应减少施肥,加强观察。如发现蟹、虾群集塘边、聚在草丛、惊动不应、光照不离,或发现鱼类头部浮出水面等现象,应立即开机增氧,避免意外发生。

(11)其他管理 一是坚持每天早、晚各巡池 1 次,高温天气和闷热天气夜间增加 1 次巡池,检查河蟹、小龙虾、鳜鱼的活动和摄食情况,检查防逃设施是否完好,检查有无剩饵,发现问题应及时采取措施,并做好塘口记录。

二是养殖期间要适时用地笼等将小龙虾捕大留小,以降低后期池塘中小龙虾的密度,保证河蟹生长。

三是加强蜕壳虾、蟹的管理,通过投喂、换水等技术措施,促使河蟹和小龙虾群体集中蜕壳。在大批虾、蟹蜕壳时严禁干扰,蜕壳后及时添加优质饵料,严防因饵料不足而引发虾、蟹之间的相互残杀。

127. 河蟹与青虾如何套养?

(1)池塘要求 河蟹与青虾套养的池塘,以面积为 6 670 米^{2}左右、水深 1.2 米左右为好。

(2)清池 清池前将水排至仅剩 10～20 厘米深,可用生石灰、茶籽饼、鱼藤精或漂白粉进行消毒,将它们化水后均匀洒于池面、洞穴中。

(3)做好防逃措施 池塘四周要有两道坚固的防逃设施,第一道用铁丝网及聚乙烯网围住,第二道安装塑料薄膜。

(4)培养饵料生物 为解决河蟹和青虾的部分生物饵料,促其快速生长,清池后进水 50 厘米,施肥繁殖饵料生物。氮肥和磷肥按 1∶1 比例投放,在 1 个月内每隔 5 天施 1 次,具体用量视水色情况而定。有机肥每 667 米² 水面施鸡粪 35～50 千克,使池水呈黄绿色或浅褐色,透明度为 30～50 厘米为宜。

(5) 投放水草　为保持良好的池塘生态环境,应大量种植水草,品种应多样化,如种植伊乐藻、苦草、黄丝草等,使水草覆盖率占养殖水面的 2/3 以上。有养殖户投放水花生,效果也很好,他们在蟹池一角放养一定数量的水花生,约占池塘面积的 5%～10%。放养水花生有以下好处:①水花生可供河蟹栖居蜕壳;②可供河蟹摄食;③如池塘缺氧或用药物全池泼洒,河蟹可爬到水花生上,以避免受害。

(6) 苗种投放　建立蟹种培育基地,走自育自养之路,选购长江水系河蟹繁育的大眼幼体,培养二龄幼蟹,自己培育的蟹种,成蟹养殖回捕率可达 75% 以上,比外购种可高出 30%。3 月份放养河蟹,规格为 100～120 只/千克,同时每 667 米² 套养800～1 200只/千克规格的青虾苗 3～4 千克,5～6 月份陆续起捕上市,每 667 米² 可产青虾 10 千克。

(7) 饵料投喂　河蟹套养青虾时,以投喂河蟹的饵料为主,使用高品质的河蟹专用颗粒饵料,采用"四看、四定"原则,确定投喂量,生长旺季投喂量可占河蟹体重的 5%～8%,其他季节投喂量为 3%～5%,每天投喂量要根据当天水温和前一天摄食情况酌情增减,定点投喂在岸边和浅水区,投喂时间定在每天傍晚时分。

由于青虾摄食能力比河蟹弱,通常摄食河蟹的剩余饵料,一方面防止败坏水质,另一方面可有效地利用饵料,不需要另外单独投喂饵料。当然,套养的青虾其本身还可以作为河蟹的饵料。

(8) 饲养管理　一是防止缺氧,河蟹对池水缺氧十分敏感,因此在高温季节,每隔 1 周左右应注水 1 次,使水质保持"肥、活、爽"。

二是做好水质控制和调节,春季水位控制在 0.6～0.8 米,夏、秋季控制在 1～1.5 米,春季每月换水 1 次,夏、秋季每周换水 1 次,每次换水 2/5,换水温差不超过 3℃。每 15 天每 667 米² 水面用生石灰 10 千克调节水质,增加水中钙离子,满足河蟹蜕壳需要。

三是做好疾病防治工作,在养殖期间从 6 月份开始每月用 0.3 毫克/升强氯精全池泼洒 1 次。

128. 河蟹与南美白对虾如何混养?

在池塘中进行河蟹与南美白对虾的混养,是利用南美白对虾能在淡水中养殖的特点,采取科学的技术措施,达到增产增效的目的。

(1)池塘选择 一般选择可养鱼的池塘或利用低产农田四周挖沟筑堤改造而成的提水养殖池塘,面积不限,要求水源充足,水质条件良好,池底平坦,底质以沙石或硬质土底为好,无渗漏,进、排水方便,虾池的进、排水总渠应分开,进、排水口应用双层密网防逃,同时也能有效地防止蛙卵、野杂鱼卵及幼体进入池塘危害蜕壳的虾、蟹。为便于拉网操作,一般以 13 340 米² 左右为宜,水深1.5～1.8 米,要求环境安静,水陆交通便利,水源水量充足,水质清新无污染。

(2)配套设施

①**防逃设施** 和南美白对虾相比,河蟹的逃逸能力比较强,因此在进行河蟹混养南美白对虾时,必须考虑到河蟹的逃跑因素。防逃设施有多种,常用的有 2 种,具体的设置方法见前文所述。

②**隐蔽设施** 无论对于南美白对虾还是河蟹来说,在池塘中设有足够的隐蔽物,对于它们的栖息、隐蔽、蜕壳等都有好处,因此可以设置竹筒、瓦片、网片、砖块、石块、竹排、塑料筒、人工洞穴等隐蔽物体供其栖息穴居,一般每 667 米² 要设置 500 个左右的人

工巢穴。

③其他设施　用塑料薄膜围起池塘面积的 5% 左右作为南美白对虾和幼蟹暂养池,同时根据池塘大小配备抽水泵、增氧机等机械设备。

(3) 池塘准备

①池塘清整、消毒　池塘要做好平整塘底、清整塘埂的工作,使池底和池壁有良好的保水性能,尽可能减少池水的渗漏。对旧塘进行清除淤泥、晒塘和消毒工作,5 月初抽干池水,清除淤泥,每 667 米² 用生石灰 100 千克、茶籽饼 50 千克溶化和浸泡后分别全池泼洒,可有效杀灭池中的敌害生物如鲶鱼、泥鳅、乌鳢、蛇、鼠等,以及争食的野杂鱼类和一些致病菌。

②种植水草　经过滤注水后,混养池就要移栽水草,这是对南美白对虾和河蟹的生长发育都有好处的一种技术措施。

(4) 放养螺蛳　螺蛳是河蟹很重要的动物性饵料,在放养前必须放足鲜活的螺蛳,一般是在清明节前每 667 米² 放养鲜活螺蛳 200～300 千克,以后根据需要逐步添加。投放螺蛳一方面可以改善池塘底质、净化底质,另一方面可以为南美白对虾和河蟹补充部分动物性饵料,还有一点就是螺蛳肉被吃完后留下的壳可以为水体提供一定量的钙质,能促进南美白对虾和河蟹的蜕壳。

(5) 苗种投放　消毒 7～10 天后待水质正常即可放苗。

①南美白对虾苗种的放养　南美白对虾要求在 5 月上中旬放养为宜,选购经检疫的无病毒健康虾苗,规格在 2 厘米左右,将虾苗放在 20 毫克/升甲醛溶液中浸浴 2～3 分钟后放入大塘饲养。每 667 米² 放养量为 1 万～1.5 万尾为宜。同一池塘放养的虾苗规格要一致,一次放足。

②河蟹苗种的放养

蟹种的质量要求:一是体表光洁亮丽、甲壳完整、肢体完整健全、无伤无病、体质健壮、生命力强、同一来源。二是规格整齐,扣蟹规格在 80 只/千克左右。

蟹种的来源:最好是采用养殖场土池自育的长江水系中华绒螯蟹的一龄扣蟹。

放养密度:放养密度为 200~300 只/667 米^2。

放养时间:以 3 月底前放养结束为宜。

操作技巧:放养时先用池水浸泡 2 分钟后提出片刻,再浸泡 2 分钟提出,重复 3 次,再用 3%~4%食盐水浸泡消毒 3~5 分钟,杀灭寄生虫和致病菌,然后放到混养池里。

③混养鱼类的放养 在进行南美白对虾和河蟹混养时,可适当混养一些鲢鱼、鳙鱼等中上层滤食性鱼类,以改善水质,充分利用饵料资源,而且这些混养鱼也可作为塘内缺氧的指示鱼类。鱼种规格 15 厘米左右,每 667 米^2 水面放养鲢、鳙鱼种 50 尾。

(6)饵料投喂 当南美白对虾和河蟹进入大塘后可投喂南美白对虾、成蟹专用饵料,也可投喂自配饵料。如果是自配饵料,这里介绍一个饵料配方:鱼粉、鱼干粉或血粉 17%、豆饼 38%、麸皮 30%、次粉 10%、骨粉或贝壳粉 3%,另外添加 1‰专用多种维生素和 2%左右的黏合剂。按南美白对虾、河蟹存塘重量的 3%~5%掌握日投喂量,每天上午 7~8 时投喂日投喂总量的 1/3,剩下的在下午 3~4 时投喂,后期加喂一些轧碎的鲜活螺、蚬肉和切碎的南瓜、马铃薯,作为虾、蟹的补充饵料。平时混养的鲢、鳙鱼不需要单独投喂饵料。

(7)加强管理 一是强化水质管理,整个养殖期间始终保持水质达到"肥、爽、活、嫩"的要求,在南美白对虾放养前期要注重培肥水质,适量施用一些基肥,培育小型浮游动物供南美白对虾摄食。每 15~20 天换 1 次水,每次换水 1/3。高温季节及时加水或换水,使池水透明度达 30~35 厘米。每 20 天泼洒 1 次生石灰,每次每 667 米^2 用生石灰 10 千克。

二是养殖期间要坚持每天早、晚巡塘 1 次,检查水质、溶氧量以及摄食和活动情况,经常清除敌害。

三是加强蜕壳虾、蟹的管理,通过投喂、换水等技术措施,促进河蟹和南美白对虾群体集中蜕壳。平时在虾、蟹饵料中添加一些蜕壳素、中草药等,起到防病和促进蜕壳的作用。在大批虾、蟹蜕壳时严禁干扰,蜕壳后及时添加优质饵料,严防因饵料不足而引发虾、蟹之间的相互残杀。

(8)捕捞 经过 120 天左右的饲养,南美白对虾长至 12 厘米时即可收获,采用抄网、地笼、虾拖网等工具捕大留小,水温 18℃以下时放水干池捕虾。成蟹采取晚上在池埂上徒手捕捉和地笼张捕相结合,捕获的蟹及时清洗,暂养待售。

129. 河蟹与福寿螺如何混养?

(1)利用福寿螺养殖河蟹的意义 在一些内陆养蟹地区,由于多年来养殖户对天然水域内水草、螺、蚌等生物资源持续过度开发,致使河蟹养殖水域的环境质量持续下降,具体表现为:不是养蟹首选的水花生等漂浮水生植物过度繁殖,对养蟹有益的沉水性植物(苦草、轮叶黑藻、马来眼子菜等)现已成为劣势种群,螺、蚌等河蟹喜食的天然生物饵料数量急剧下降,为了保障河蟹生长所需要的能量,养蟹户大量投喂黄豆、玉米、小麦、南瓜、鲜鱼、冻鱼、碎螺等,不仅导致养蟹成本急剧上升,而且因为投喂的饵料原料转化率低,不能很好地满足河蟹本身的营养需求,故水质富营养化程度更进一步加剧,河蟹体质及抗病力下降,生长规格下降,外观质量和口感等商品品质也不断下降。

为了提高河蟹的品质和降低生产成本,增加养殖效益,减少病害的发生,需要养殖户不断改变养殖模式,采用在河蟹池塘里混养福寿螺是一种很好的尝试。经实践表明,用福寿螺取代大豆、小麦、鱼等饵料原料既可以降低成本,又能提高河蟹品质,是实现养蟹经济效益大幅度提高的重要途径。

河蟹专用饵料成本较高,如果用低成本、易饲养、营养丰富的福寿螺取代大豆、小麦、玉米、冻鱼、鲜鱼等可直接降低养蟹的饵料成本。据测算,福寿螺的人工养殖成本可控制在 $0.4\sim0.5$ 元/千克,远远低于小麦、玉米的购买价格,而鲜鱼或冻鱼的销售价格更是高达 $2\sim3$ 元/千克。更重要的是,福寿螺含肉率高,营养丰富,河蟹喜食,投喂后能促进河蟹生长,加快营养物质积累,所以养成的河蟹规格更大、品质更好、售价更高。

在池塘中采用以螺养蟹的技术,福寿螺可以摄食池塘里过多的水花生,而河蟹则是以福寿螺的肉为主要动物性饵料,形成一种新的食物链。

在高温期,投喂的冻鱼或鲜鱼易腐臭而引发蟹病,水质也易恶化,而福寿螺始终能做到鲜活投喂,可减少蟹病发生,也有助于降低养殖户的蟹病防治费用,符合当前健康养殖、绿色消费的时代要求。

研究表明,福寿螺的生长繁殖规律与河蟹摄食强弱的变化规律相一致。福寿螺在水温 8℃ 以下开始冬眠,最适生长繁殖温度为 $25℃\sim32℃$,而河蟹的摄食下限温度为 $5℃\sim6℃$,蜕壳的最适水温为 $24℃\sim30℃$,故河蟹生长摄食旺盛期也正是福寿螺快速生长繁殖期。因此,在河蟹生长旺期或性腺发育成熟和体内营养物质积累期内,只要控制得当,总能有足够的福寿螺投喂河蟹,这与河蟹进入生长旺期时要进行强化培育的生产要求相一致,能促进河蟹生长,提高规格和产量。

(2) 养殖池条件

①养殖池的选择　养殖池应选择建在靠近水源,注、排水均十分方便的地方,要求水质良好,符合养殖用水标准,无污染,池底平坦,底质以壤土为好,池塘水面以 $3\,335\sim10\,005$ 米² 为宜,长方形,水深 $1\sim1.5$ 米。面积太小,水温变化快,不利于河蟹和福寿螺在

相对稳定的环境里生长。连片养殖区进、排水渠要分开,以免发病时交叉感染。

②进、排水系统　池塘的进、排水口应用双层密网防逃,同时也能有效地防止蛙卵、野杂鱼卵及幼体进入池塘危害蜕壳蟹。为了防止夏天雨季冲毁堤埂,可以开设一个溢水口,溢水口也用双层密网过滤,防止河蟹和螺乘机顶水逃走。

③养殖池改造　对于面积在 13 340 米² 以下的养殖池,应改平底形为环沟形或井字形。对于面积在 13 340 米² 以上的养殖池,应改平底形为交错沟形。沟的面积应占养殖池总面积的 20% 左右。

(3) 防逃设施　福寿螺本身有一定的逃跑能力,而河蟹的逃逸能力更强,因此我们在河蟹和福寿螺放养前一定要做好防逃措施。防逃设施可以采用麻布网片、尼龙网片、有机纱窗与硬质塑料薄膜共同防逃,用高 50 厘米的有机纱窗等围在池埂四周,用质量好的直径为 4～5 毫米的聚乙烯绳作为上纲,缝在网布的上缘,缝制时纲绳必须拉紧,针线从纲绳中穿过。然后选取长度为 1.5～1.8 米的木桩或毛竹,削掉毛刺,打入泥土中的一端削成锥形,或锯成斜口,沿池埂将桩打入土中 50～60 厘米深,桩间距 3 米左右,并使桩与桩之间呈直线排列,池塘拐角处呈圆弧形。将网的上纲固定在木桩上,使网高不低于 40 厘米,然后在网上部距顶端 10 厘米处再缝上一条宽 25 厘米的硬质塑料薄膜即可。

(4) 池塘清整、消毒　池塘的清整消毒同前文所述的池塘养殖处理方法是一样的。

(5) 种植水草　河蟹喜食水草,而福寿螺更是以植物性食物为主食,因此应在养殖池移栽伊乐藻、水花生、苦草、轮叶黑藻等水草,覆盖率占到池塘面积的 50% 左右。

水草的种植方法和种类可根据不同情况而有一定差异,一是沿池四周浅水处 10%～20% 面积种植水草,既可供螺类、河蟹摄食,同时为幼螺和河蟹提供了隐蔽、栖息的理想场所,也是河蟹蜕壳的良好地方;二是在池塘中央可提前栽培伊乐藻或菹草;三是移植水花生或凤眼莲到水中央;四是临时投放草把,方法是把水草扎成团,大小为 1 米² 左右,用绳子和石块固定在水底或浮在水面,每 667 米² 水面可放 25 处左右,也可用草框把水花生、空心菜、水浮莲等固定在水中央。

(6) 放养苗种　蟹种放养时水位控制在 50～60 厘米。投放的蟹种要求甲壳完整、肢体齐全、无病无伤、活力强、规格整齐、同一来源,蟹种规格 60～100 只/千克,放养密度 400～600 只/667 米²。放养时间以 3 月底前放养结束为宜。放养时先用池水浸泡 2 分钟后提出片刻,再浸泡 2 分钟提出,重复 3 次,再用 3％～4％ 食盐水浸泡消毒 3～5 分钟。

福寿螺的放养是在 5 月份进行,放养规格是 1～3 克/只,每 667 米² 水面可放养 8 000 只,也可放养只重 35 克的亲螺,每 667 米² 水面放养 500 只。也可以直接在养殖池中投放卵块,让这些卵块自然孵化。

(7) 投　喂

①福寿螺的投喂　在这种养殖模式中,主要是对福寿螺进行投喂,福寿螺属于杂食性螺,它的食性很广,摄食方式为舔刮式。在自然界中,福寿螺主要摄食植物性饵料,主食各种水生植物、陆生草类和瓜果蔬菜,如青萍、紫背浮萍、水浮莲、水花生、水葫芦、水果、果皮、冬瓜、南瓜、西瓜、茄子、空心菜、青菜、白菜、青草和浮游动物等。在人工养殖时,也吃人工饵料,如米糠、麦麸、玉米面、蔬菜、饼粕类饵料、下脚料和禽畜粪便等,在食物缺乏的时候也摄食一些残渣剩饵和腐殖质及浮游动植物等。因此,福寿螺的饵料投喂也要像养鱼一样,采用"四定"法,即定时、定点、定质、定量。

定时:在饲养期间,一般每天投喂 2 次,由于福寿螺厌强光,白天活动较少,多在夜晚浮出水面摄食。因此,投喂时间应为早上

5～6 时和傍晚 5～6 时,且傍晚的投喂量应占全天投喂量的 2/3。

定量:在整个养殖过程中,应掌握"两头轻,中间重"的原则,春、秋两季水温较低,日投喂量占螺体重的 6% 左右;夏季水温高,福寿螺的摄食能力增强,日投喂量占螺体重的 10% 左右。每日的具体投喂量通常采用隔日增减法,即根据前一天的摄食情况及剩余饵料多少来决定当天的投喂量,注意既要保证福寿螺吃饱吃好,又要注意不可过剩,以免腐烂败坏水质。

定质:在投喂饵料时,应以青饵料为主、精饵料为辅,投喂过程中要先投喂芜萍、浮萍、苦草、轮叶黑藻、陆生嫩草、青草、菜叶等青饵料,待吃光后再投喂米糠、麸皮、豆饼粉、玉米面、酒糟、豆腐渣等精饵料。要求投喂的饵料新鲜、不霉烂、不变质,精细搭配合理,青饵料投喂量占总投喂量的 80%,精饵料占 20% 左右。

定点:投喂幼螺饵料时要求全池遍撒,保证幼螺尽可能都能采食;投喂成螺时,可采取定点定位投喂,视池塘的大小,固定十余个投喂点。

②河蟹的投喂 河蟹主要是捕食福寿螺和田螺,对于一些较大的福寿螺,应用抄网将其捕捉上来,砸碎后再投喂给河蟹吃。只有在池塘里的福寿螺数量很少,不能满足河蟹的需要时,方可补充投喂人工颗粒饵料,具体的投喂方法见前文所述。为了保护蟹池里的福寿螺能持续利用,一定要将植物性饵料投喂充足。

③投喂时的注意事项 一是在不同的生长发育阶段,投喂的饵料种类和数量是有区别的,15 日龄以内的幼螺,消化系统不发达,食量也不大,主要摄食浮游生物和腐殖质,在此阶段以水质肥沃、浮游生物丰富为好;15 日龄以后的幼螺和成螺,就可喂给青菜、水葫芦、水浮莲、水花生、水草和瓜果皮等饵料,也可投喂动物粪便、花生饼、米糠、麸皮等;而供繁殖用的亲螺除投给青饵料外,还应多投喂一些精饵料,最好能掺喂一些干酵母粉和钙粉,以增加种螺的营养,提高亲螺的产卵量和孵化率。

二是在适宜的水温条件下,福寿螺的食量很大,几乎整天都摄食,尤其是傍晚摄食量最大。因此,在此阶段一定要保证供应充足的饵料。

三是为了确保池塘里溶氧量充足,保证福寿螺生长快速,在喂食后,池内水体要保持清新,每隔几天就要把植物性饵料残叶捞出,同时要注意水体勤排勤灌,每隔 3～5 天可以换冲水 1 次。

四是要做好全年的投喂分配,其中 7～9 月份是福寿螺的摄食旺季,投喂量应占生长期内投喂量的 90%。

(8) 养殖管理　其他的一些养殖管理如水质管理、疾病防治等与前文所述相同。

130. 河蟹与沙塘鳢如何套养?

沙塘鳢俗称虎头鲨,栖息于湖沼、河溪的底层及泥沙、碎石、水草、杂草相混杂的岸边浅水处,主要摄食虾类、小鱼和底栖动物,生活在淡水中的种类也摄食水生昆虫。沙塘鳢个体虽小,但其含肉量高,肉质细嫩可口,为长江中下游及南方诸省群众所喜爱,特别是经熏烤后烹食,别具风味,列为上品,特别是在上海世博会期间被列为招待外宾首选,被称为"世博第一菜"。

在自然水域中,沙塘鳢生长速度较慢,上市规格小,在一定程度上影响了市场发展。随着市场需求的不断扩大,沙塘鳢价格逐年上升。同时,沙塘鳢疾病少,饵料来源广,饲养管理简单,养殖效益好,所以发展沙塘鳢人工养殖的前景十分广阔。河蟹养殖池塘套养沙塘鳢是一种新型养殖模式,充分利用了沙塘鳢能与河蟹共存、互补的特点,在蟹池中套养沙塘鳢能够明显减少池塘野杂鱼引起的浑水现象发生、消除残饵对水体的影响,提高经济效益,同时对河蟹的品质、产量和规格的提高也有一定的促进作用。另外,还具有生产成本低、投资少、饵料投喂少的优势,河蟹吃水草,沙塘鳢食小虾、小杂鱼,花、白鲢喝肥水,资源得到充分利用,是一种生态养殖模式,不但提高了河蟹的养殖效益,也为河蟹养殖模式开辟了一条新的道路。

(1)池塘条件 混养池塘宜选择水源充足、水质清新无污染的池塘。面积为3 335~5 336米²,池塘水深1.5米,常年保持水位0.8~1.2米,池塘护坡完整,坡比1:2.5,南北朝向,最好为长方形,土质为沙壤土,淤泥较少,注、排水系统完善,能进能排,排灌分开,并配备微孔管道增氧设施。

(2)防逃设施 池塘要有拦鱼设施及防逃设施,以防敌害侵入或鱼、蟹逃走。防逃设施可以采用有机纱窗和硬质塑料薄膜共同防逃,用高50厘米的有机纱窗围在池埂四周,将长度为1.5~1.8米的木桩或毛竹,沿池埂将桩打入土中50~60厘米,桩间距3米左右,然后在网上部距顶端10厘米处再缝上一条宽25厘米的硬质塑料薄膜即可。

(3)清塘 在蟹种和鱼种放养前,要彻底清塘消毒。抽干池水,拔除池边和池底的杂草,清除过多淤泥,使淤泥保持10~15厘米深,巩固堤埂,暴晒池底。放种苗前10天每667米²水面用生石灰100~150千克或漂白粉25千克兑水化浆后全池泼洒,以彻底杀灭病原菌和敌害生物,并暴晒15~20天,使底泥中的有机物充分氧化还原。

(4)种植水草 清塘消毒1周后用60目筛网过滤注水20~30厘米深,种植复合型水草,即浅坡处种伊乐藻,池边种水葫芦,在池中心用轮叶黑藻和苦草(面积约2 001米²)相间轮植,并加设围栏,待水草覆盖率达到60%~70%时拆除。高温季节在较深的环沟处用绳索固定水花生带,以利沙塘鳢栖息、隐蔽和捕捉食物,还可改善水质。

(5)施肥 3~4月份水草移植结束后,在鱼苗下塘前4~5天施肥培肥水质,每667米²水面施用经发酵消毒的有机肥100千克或生物有机肥 100 千克,15 天后追施氮、磷肥 50 千克(视水质情况而定),既可促进水草生长,抑制青苔的发生,又可培育池塘中的浮游生物。

(6)营造生态环境 沙塘鳢喜生活于池塘的底层,游泳能力较弱。因此,营造生态环境很重要,一般采取以 6 670 米^2 塘开 4 个天窗为好,也就是将池塘内的水草以 2 米×2 米的方块形割开,再人工将沙袋(粗沙)投入塘底,然后解开沙袋将粗沙铺开,供沙塘鳢栖息。也可在池底铺设瓦筒、瓦片、大口径竹筒、报废大轮胎或灰色塑料管等作为栖息隐蔽物。同时,可以采用水泵进行循环抽水,人为造成河蟹养殖池塘水体循环,增加池塘底部溶氧量。

(7)苗种放养 每年 3 月 10 日前,在围栏外的河蟹暂养区,每667 米^2 水面投放规格为 120 只/千克左右的自育蟹种 800～900 只。

沙塘鳢的投放可以分为两种情况,各地可视具体情况而定。一种是直接放养沙塘鳢苗种,要求无病无伤、体质健壮、规格整齐、活力强,每 667 米^2 水面投放平均体长 3 厘米的鱼苗 800 尾或 4 厘米长的鱼苗 500 尾。另一种方式就是放养沙塘鳢亲鱼,让它们自行繁殖来扩大种群,方法是在围栏内的水草保护区,每 667 米^2 水面投放体形匀称、体质健壮、鳞片完整、无病无伤的沙塘鳢亲本 10组(雌雄比为 1∶3),雄性亲本规格在 80 克/只,雌性亲本规格在70 克/只。同时,在水草保护区内放置两条两端开口的地笼,作为人工鱼巢,以利沙塘鳢受精卵附着孵化,待 4 月底繁育期结束后将地笼取出。

有条件的还可以在池塘中适量放养一些青虾,在鱼苗放养前15～20 天投放抱卵虾,使其恰好在放养沙塘鳢鱼苗时有幼虾供其摄食,另外还可以增加池塘养殖效益。

在 3 月中旬,每 667 米^2 水面可放养规格为 200 克/尾的鲢鱼50 尾、100 克/尾的鳙鱼 10 尾,用于调节水质。

放养应选择晴天早晨或阴雨天进行,蟹种和虾苗下池前要连同运输箱一起用池水浸泡、提起轻放,反复 3～4 次,待虾、蟹的体表及鳃丝充分吸水,排出鳃腔内的空气后,多点投放,防止集中放养造成堆集死亡。放养时把虾、蟹散放在离岸很近的浅水中,让其自行爬走。

虾、蟹苗种和鱼种放养时必须先进行消毒,可用 30 克/升食盐水浸浴 5 分钟或 15～20 毫克/升高锰酸钾溶液浸浴 15～20 分钟,浸浴时间应视鱼的忍耐程度灵活掌握。投放时要小心地从池边不离水面放鱼入池,对于活力弱、有伤残的鱼种应及时捞起。

(8)水草管护 水草的管护是养殖管理过程中的一项重要工作,也是蟹池套养沙塘鳢技术的关键。草丛是沙塘鳢、蟹、虾生活生长的主要场所,因河蟹喜食伊乐藻、苦草、轮叶黑藻、黄丝草的根,故应采用增加饵料投喂量的方法予以保护,对遭到河蟹破坏的苦草应及时捞出,防止腐烂败坏水质。伊乐藻、轮叶黑藻高温季节生长较快,极易出现生长过密、封塘的现象,故应在高温季节来临时(5 月 25 日左右),采用割茬的方法,即用拖刀将伊乐藻、轮叶黑藻的上半段割除,也可用带齿的钢丝绳将伊乐藻、轮叶黑藻的上半段锯除,使其沉在水下 20 厘米左右,以增加水体的光照量,促进水草的光合作用。

(9)饵料投喂 前期采取施肥的方法,培育水体中的轮虫、枝角类、桡足类等浮游动物,为沙塘鳢夏花和虾、蟹苗种提供适口饵料。沙塘鳢摄食需先进行驯化,在池塘四周浅水区设置的食台上投放小鱼、小虾和水蚯蚓等,吸引沙塘鳢集中取食,然后逐渐将鱼糜和颗粒饵料掺在一起投喂,驯食开始的前几天,每天定时、定点投喂 6 次左右,以后每天逐渐减少投喂次数,最后减至每天 2 次,经过 10～15 天驯食即可正常投喂。饵料投喂要适量,以鱼吃饱为准,防止剩余饵料污染水质。

中期饵料以河蟹、沙塘鳢均喜食的小杂鱼和颗粒饵料为主,并适当搭配南瓜、蚕豆、小麦和玉米等青饵料,以满足河蟹、沙塘鳢的摄食需求。有条件时,投喂河荡里捕捉的小鱼虾。投喂时间在上午9时和下午4时,投喂方式为沿池边浅滩定点投喂,投喂量以存塘沙塘鳢、虾、蟹体重的3%~6%计算,并视天气、沙塘鳢和虾、蟹活动情况灵活掌握。另外,投放的抱卵青虾可自行繁殖,可以不断为沙塘鳢的生长提供适口饵料。

饲养后期用配合饵料投喂,饵料蛋白质含量为28%~32%,每天投喂2次,一般上午10时和下午5时各投喂1次,上午投喂量占全天投喂量的30%,下午占70%,以2小时内吃完为宜,投喂饵料遵循"四定"和"四看"原则,并在池中设置食台,日投喂量要根据水温、天气变化、生长情况和摄食情况及时调整。

(10) 水质调控　在河蟹池塘里套养沙塘鳢时,要求养殖过程中池水透明度控制在35厘米左右,池水不要过肥,溶氧量在5毫克/升以上,pH 7.5左右。

首先,用生物方式来调节水质。滤食性的螺蛳不仅是河蟹的优质鲜活饵料,而且能净化池塘水质,提高水体透明度。因此,在做好水草管护工作的同时,每667米² 水面投放螺蛳500千克,可较好地稳定水质。

其次,通过定期换注水来调控水质。苗种放养初期,水深控制在40~50厘米;随着气温的不断升高,不断地换注水,并调高水位,一般每7~10天注水1次,每次10~20厘米深,至5~7月份时,保证水深达到0.5~1米。8~10月份的高温期,池塘水位保持在1.2米左右,并搭棚遮阴或加大池水深度,做好防暑降温工作。

再次,用生物制剂来调控水质。为维持池塘良好水质,5~9月份时每月每667米² 水面使用底质改良剂2千克或EM菌原露500毫升,兑水后全池泼洒,交替使用效果更好,可通过微生物制剂来调节水体藻相,用量、时间视水质情况可适当调整。泼洒时及时开启微孔管道增氧设施,使池水保持肥、活、嫩、爽。

(11)病虫害防治 病虫害防治工作以河蟹为主,全年采取"防、控、消、保"措施。

①防 坚持以防为主,把健康养殖技术措施落实到每个生产环节。重点把握清塘彻底,定期加水、换水,定期消毒,定期应用微生物制剂,开启微孔管增氧,使池水经常保持肥沃嫩爽,营造良好的生态环境。5 月上旬每 667 米^2 水面用纤虫净 200 克泼洒消毒 1 次,同时投喂含 2% 中草药或 1% 痢菌净的药饵,连用 3～5 天。

②控 梅雨期结束后,是纤毛虫等寄生虫的繁殖高峰,要采取必要的防治措施,每月用纤虫净泼洒杀虫 1 次（150～200 克/667 米^2）,或每 667 米^2 用 1% 碘制剂 200 毫升,兑水后全池泼洒,泼洒时要注意池塘增氧,同时投喂含 2% 中草药或 1% 硫酸新霉素的药饵,连用 5～7 天。

③消 就是在养殖过程中,定期用生石灰、漂白粉、强氯精或其他消毒剂对水体进行消毒,以杀灭水体中的病原体。同时,定期测定 pH、溶氧量以及氨氮、亚硝酸盐等含量,一旦发现水质异常,立即采取措施防止带来不必要损失。

④保 水体消毒用药按药物的休药期规定执行,保证河蟹健康上市。

(12)日常管理 首先,做好塘口记录,每天早晨、中午和傍晚各巡塘 1 次,观察池塘水质变化、水草的生长以及池塘中蟹、鱼的摄食情况、生长情况和活动情况,发现异常情况及时处理。

其次,在养殖期间及时清理饵料残渣,以保持池水的清新。及时排除进、出水口的污物,保持池塘水流畅通,暴雨后注意增氧和排水,同时注意检查池塘的防逃设施是否完好,防止河蟹和沙塘鳢外逃。

再次,防治疾病坚持"以防为主,防重于治"的方针。定期对水体和食台进行消毒,在高温季节投喂大蒜素和三黄粉等配制的药饵。

最后,在收获季节到来时还需做好防盗工作。

(13)捕捞上市 11月下旬,根据市场行情用自制的地笼适时捕捞河蟹、青虾与鲢、鳙鱼上市。沙塘鳢为低温鱼类,在冬季仍能保持正常生长,因此可考虑延长养殖时间,增大商品规格,提高产量及品质,可待到春节后捕捞上市。捕捞方法:可用抄网或网兜在水草下抄截,再用拖网在水底捕捞,最后干塘捕捉。挑选性腺发育成熟、体表正常、无鳞片脱落的沙塘鳢作为亲体,为翌年保种,其余可暂养,适时销售。

这里有一点非常重要,希望能引起广大养殖户的关注,就是在池塘中养殖时,河蟹捕食不到沙塘鳢,但是当用地笼套捕河蟹时,钻入地笼的沙塘鳢会被河蟹残杀、摄食。因此,在进行河蟹捕捞时需用自制的带9股12号有节网笼梢的地笼,以利于钻入地笼的沙塘鳢逃脱,避免损失。

131. 河蟹与黄颡鱼如何混养?

(1)池塘准备 一般情况下,适合养蟹的池塘都可以套养黄颡鱼。池塘面积为6670~20010米^2,坡比为1:2.5~3,保水性好,不渗漏,池底平整,以沙底或泥沙底为好。水深1~1.5米,水源充足,水质清新无污染,排灌方便。蟹种放养前1个月要做好清塘整修工作,加高加固池埂,彻底暴晒池底,每667米^{2}水面用生石灰150~200千克消毒,把好疾病预防第一关。

(2)防逃设施 池塘要有拦鱼设施及防逃设施,以防敌害侵入或鱼、蟹逃走。防逃设施可以采用有机纱窗和硬质塑料薄膜共同防逃,用高50厘米的有机纱窗围在池埂四周,将长度为1.5~1.8米的木桩或毛竹,沿池埂将桩打入土中50~60厘米,桩间距3米左右,然后在网上部距顶端10厘米处再缝上一条宽25厘米的硬质塑料薄膜即可。

(3)种植水草 池塘清整完毕后,进水 20～30 厘米深,进水口设置 60 目的筛绢网,防止野杂鱼进入。待水温逐步回升后种植水草,品种主要有轮叶黑藻、伊乐藻、苦草等沉水植物。轮叶黑藻、伊乐藻采取切茎分段扦插的方法,每 667 米^2 栽草量 10～15 千克,行距 1～1.5 米,栽插于深水处;苦草用种子播种,将种子与泥土拌匀,在浅水处撒播或条播,每 667 米^2 用量 100 克左右。全池水草覆盖率在 50%～60%。

(4)设置暂养区 在池中用内侧有防逃膜的网围一圆形或方形的区域,面积占全池面积的 1/5 左右,作为河蟹苗种暂养区,一方面有利于蟹种集中强化培育,另一方面保证前期水草生长。

(5)放养螺蛳 清明节前后,每 667 米^2 水面投放螺蛳 200～250 千克,让其自然生长繁殖,为河蟹提供动物性饵料。8 月份再补投 1 次螺蛳,每 667 米^2 水面投放 100 千克左右。

(6)蟹种放养 在每年 3 月份,选择体质好、肢体健全、无病无伤的长江水系优质蟹种,规格为 100～200 只/千克,每 667 米^2 水面放养 400～600 只。

(7)黄颡鱼放养 4 月底到 5 月初,可以向蟹池里放养黄颡鱼。黄颡鱼的套养密度因池塘底层野杂鱼类的多寡而定,一般放养情况如下:放养 Ⅴ 期幼蟹的池塘最好每 667 米^2 套养 2 厘米以上的夏花 500～600 尾;放养规格为 100～200 只/千克的扣蟹池塘最好每 667 米^2 套养 100 尾/千克的黄颡鱼 200～300 尾。套养密度太高、规格太大易争食,影响河蟹成活率及产品规格;套养密度太低、规格太小,影响黄颡鱼成活率,起不到增收的目的。

(8)饵料投喂 黄颡鱼主要担负清野作用,一般放养密度合理则不必单独投喂。在做好水草、螺蛳等基础饵料培养的基础上,河蟹人工投喂饵料按照"两头精、中间青、荤素搭配、青精结合"的原则和"四定四看"的方法进行,河蟹性成熟前投喂"宜晚不宜早",性成熟后"宜早不宜晚"。因为在河蟹性成熟前,过早投喂,饵料易被野杂鱼争食,而在河蟹性成熟后,过晚投喂,则河蟹活动量加大,影响正常摄食。整个饲养过程中饵料安排各有侧重:前期,特别是在蟹种暂养阶段,必须加强营养,增加动物性饵料,以全价颗粒饵料、小杂鱼为主;中期以植物性精饵料为主;后期为河蟹最后一次蜕壳和增重肥育阶段,以动物性饵料和全价颗粒饵料为主,以提高河蟹规格和产量。

(9)水质管理 在养殖过程中,要做好水质调控工作,创造良好生态环境满足河蟹、黄颡鱼的生长需要。

由于黄颡鱼养殖时易发生缺氧,故尤其要注意水质管理。每5～7天注水1次,高温季节每天注水10～20厘米,特别是在河蟹蜕壳期,要勤注水,以促进河蟹正常蜕壳生长,使水质保持"新、活、嫩、爽",正常透明度保持在35厘米左右。

每5 336～6 670米^{2}配置1台增氧机,在高温季节晴天中午和黎明前勤开增氧机,保持良好水质和充足的溶氧量,确保河蟹及套养品种的正常生长。

(10)病害防治 病害防治遵循"预防为主、防治结合"的原则,坚持生态调节与科学用药相结合,积极采取清塘消毒、种植水草、自育蟹种、科学投喂、调节水质等技术措施,预防和控制疾病的发生。注重微生态制剂的应用,每7～10天用光合细菌、EM原露等生物制剂全池泼洒1次,并全年用生物制剂溶水喷洒颗粒饵料投喂。

4～5月份,用药物杀灭纤毛虫1次;在梅雨季节结束后、高温来临之前,进行一次水体消毒和口服药饵;夏季,一般每隔20天左右用生石灰或二氧化氯等化水全池泼洒一次调控水质;在9月中下旬,补杀一次纤毛虫,并进行水体消毒和口服药饵。

要注意的是,黄颡鱼为无鳞鱼类,河蟹为甲壳类,对不同药物的敏感性存在差异,用药一定要慎重,剂量要准确。用药最好在技术员指导下使用。新药最好在小面积试用后，再大面积使用，确保生产安全。

(11)**日常管理**　日常管理以河蟹为主，坚持早、中、晚 3 次巡塘，结合投喂饵料查看河蟹及套养品种的生长、病害、敌害情况，检查水源是否有污染，维护防逃设施，及时捞除残渣剩料。

三、河蟹的稻田养殖技术

132. 利用稻田养殖河蟹，其生态条件有哪些要求？

稻田养蟹是综合利用水稻、河蟹的生态特点达到稻蟹共生、相互利用，使稻蟹双丰收的一种高效立体生态养殖方式，是动植物生产有机结合的典范，是农村种养殖立体开发的有效途径，其经济效益是单作水稻的 3～5 倍。

养蟹稻田为了夺取高产，获得稻蟹双丰收，需要一定的生态条件做保证，根据稻田养蟹的养殖原理，笔者认为养蟹的稻田应具备以下几方面生态条件。

(1)光照要充足 光照既是水稻和稻田中一些植物进行光合作用的能量来源，也是河蟹生长发育所必需的，因此光照条件直接影响稻谷产量和河蟹的产量。每年的 6～7 月份，秧苗很小，因此阳光可直接照射到田面上，促使稻田水温升高，浮游生物迅速繁殖，为河蟹生长提供天然活饵料。水稻生长至中后期时，也是温度最高的季节，此时稻禾茂密，正好可以用来为河蟹遮阴、蜕壳、躲藏，有利于河蟹的生长发育。

(2)水温要适宜 稻田水浅，一般水温受气温影响甚大，有昼夜和季节变化。而河蟹又是变温动物，其新陈代谢强度直接受到水温的影响，所以稻田水温将直接影响水稻和河蟹的生长。为了获取稻蟹双丰收，必须为它们提供合适的水温条件。

(3)溶氧量要充足 稻田水中的溶解氧主要来源于大气中氧

气的溶入及水稻和一些浮游植物的光合作用,因而是非常充足的。研究表明,水体中的溶氧量越高,河蟹摄食量就越多,生长也越快。因此,长时间维持稻田养蟹水体较高的溶氧量,可以增加河蟹的产量。

要使养殖河蟹的稻田能长时间保持较高的溶氧量,一种方法是适当加大养蟹水体,主要技术措施是通过开挖蟹沟、蟹溜和环沟来实现;二是尽可能地创造条件,保持微流水环境;三是经常换冲水;四是及时清除田中河蟹未吃完的剩饵和其他生物尸体等有机物质,减少因其腐败而导致的水质恶化。

(4)天然饵料要丰富 一般稻田由于水浅,温度高,光照充足,溶氧量高,适宜于水生植物生长,植物的有机碎屑又为底栖生物、水生昆虫和昆虫幼虫繁殖生长创造了条件,从而为稻田中的河蟹提供较为丰富的天然饵料,有利于河蟹的生长。

133. 如何选择养蟹稻田?

养蟹稻田必须选择灌排水畅通、水质清新、地势平坦、保水保肥性能好、无污染的田块,土质以黄黏土为好,面积以 5 336～6 670米^{2}为宜。要选择水源充足、水质良好、无污染的地方,雨季水多不漫田、旱季水少不干涸、排灌方便、无有毒污水流入。进行稻田养蟹,一般选在沿湖、河两岸的低洼地、滩涂地或沿水库下游的宜渔稻田。

134. 如何开挖养蟹稻田的田间沟?

开挖田间沟是稻田养蟹的重要技术措施,稻田因水位较浅,夏季高温对河蟹的影响较大,因此必须在稻田四周开挖环形沟。面积较大的稻田,还应开挖"田"字形、"川"字形或"井"字形的田间

沟。环形沟距田间 1.5 米左右,环形沟上口宽 3 米,下口宽 0.8
米;田间沟沟宽 1.5 米,深 0.5～0.8 米。蟹沟既可防止水田干涸
和作为烤稻田、施追肥、喷农药时河蟹的退避处,也是夏季高温时
河蟹栖息隐蔽遮阴的场所,沟的总面积占稻田面积的 8%～15%
为宜(图 7)。

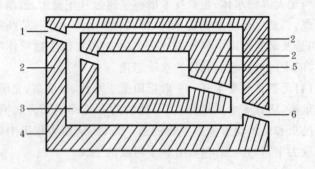

图 7 稻田的田间工程
1. 进水口 2. 田面 3. 环沟 4. 田埂 5. 中间沟 6. 出水口

在开挖田间沟时,同时要加高、加固田埂,这是河蟹养殖高产
高效的基本条件。为了保证养蟹稻田达到一定的水位,增加河蟹
活动的立体空间,可将开挖环形沟的泥土垒在田埂上并夯实,要求
做到不裂、不漏、不垮,确保田埂高 1～1.2 米,宽 1.2～1.5 米。

135. 如何修建养蟹稻田的防逃设施?

防逃设施有多种,常用的有 2 种,一是安插高 55 厘米的硬质
钙塑板作为防逃板,埋入田埂泥土中约 15 厘米,每隔 75～100 厘
米处用一木桩固定。注意四角应做成弧形,防止河蟹以叠罗汉的
方式或沿夹角攀爬外逃。第二种防逃设施是采用网片和硬质塑料
薄膜共同防逃,在易涝的低洼稻田主要采用这种方式。用高 1.2～

1.5 米的密网围在稻田四周,在网上内面距顶端 10 厘米处再缝上一条宽 25～30 厘米的硬质塑料薄膜即可。

稻田开设的进、排水口应用双层密网防逃,同时也能有效地防止蛙卵、野杂鱼卵及幼体进入稻田危害蜕壳蟹。同时,为了防止夏天雨季冲毁堤埂,稻田应开设一个溢水口,溢水口也用双层密网过滤,防止幼河蟹乘机逃走。

136. 蟹种放养前要做好哪些准备工作?

及时杀灭敌害,可用鱼藤酮、茶籽粕、生石灰、漂白粉等药物杀灭蛙卵、克氏原螯虾、黄鳝、泥鳅及其他水生敌害和寄生虫等;在环形沟及田间沟种植沉水植物如聚草、苦草、喜旱莲子草(水花生)等,并在水面上移养漂浮水生植物如芜萍、紫背浮萍、凤眼莲等,营造适宜的生存环境;为了保证河蟹有充足的活饵供取食,可在放种苗前 1 周施用有机肥,常用的有干鸡粪、猪粪,并及时调节水质,确保养蟹水质保持肥、活、嫩、爽、清。

137. 如何选择养蟹稻田中栽种的水稻品种?

稻田养鱼后,稻田的生态条件由原来单一的植物生长群体变成了动、植物共生的复合体。因此,水稻栽培技术也应随之改进。

由于各地自然条件不一,水稻的品种也各有特色。但是养蟹稻田一般只种一季稻,水稻品种要选择生长期较长、分蘖力强、叶片开张角度小且茎、秆粗硬、抗病虫害、抗倒伏且耐肥性强、耐淹、株形紧凑的紧穗型品种,目前常用的品种有威优 64、威优 35、汕优系列、汕优 63、汕优 6、南优 6、武育粳系列、协优系列等杂交水稻或高产大穗常规稻。

138. 如何移植养蟹稻田中的水稻秧苗?

在秧苗移栽前要施足基肥,每 667 米^2 施用农家肥 200~300 千克、尿素 10~15 千克,均匀撒在田面并用机器翻耕耙匀。

秧苗一般在 5 月中旬开始移栽,养蟹稻田宜提早 10 天左右。具体在栽种时要掌握以下几条要点。

一是秧苗类型以长龄壮秧、多蘖大苗栽培为主,目的是在秧苗移栽后,减少无效分蘖,提高分蘖成穗率,并可减少和缩短烤田次数和时间,改善田间小气候,减轻病虫害,从而达到稻、鱼、蟹双丰收。

二是秧苗采用壮个体、小群体的栽培方法。即在水稻生长发育的全过程中,个体要壮,以提高分蘖成穗率,群体要适中,这样可避免水稻总茎蘖数过多、叶面系数过大、封行过早、光照不足、田中温度过高、病害过多、易倒伏等不利因素。

三是栽插方式以宽行窄距、长方形东西行密植为宜,确保河蟹生活环境通风透气性好。这种条栽方式,稻丛行间透光好,光照强,日照时数多,湿度低,病虫害轻,能有效改善田间小气候,既为蟹类创造了良好的栖息与活动场所,也为水稻提供了优良的生长环境,有利于提高成穗率和千粒重。早稻株行间距以 23.3 厘米× 8.3 厘米或 23.3 厘米×10 厘米为佳。晚稻如是常规稻株行间距为 20 厘米×13.3 厘米,如是杂交稻株行间距为 20 厘米×16.5 厘米。水稻栽插密度应根据水稻品种、苗情、地力、茬口等具体条件而定。例如,杂交稻中苗栽插,通常为 2 万穴左右,8 万~10 万基本苗;杂交稻大苗栽插,密度为 2.5 万~3 万穴,15 万~17 万基本苗。常规稻采用多蘖大苗栽插,密度为 3 万穴左右,18 万基本苗。地力肥、栽插早的稻田,密度还可以适当稀一些。稻田养蟹开挖的蟹溜、蟹沟要占一定的栽插面积,为保证基本苗数,可采用行距不变,以适当缩小株距、增加穴数的方法来解决;并可在蟹沟靠外侧的田埂四周增穴、增株,栽插成篱笆状,以充分发挥和利用边际优势,增加稻谷产量。

四是稻田以施有机肥料为主,化肥为辅。要重施基肥、轻施追肥,提倡化肥基施、追肥深施和根外追肥。

139. 稻田养殖河蟹时,如何选购及放养大眼幼体?

蟹苗成活率的高低,苗种质量是关键。要选择日龄足、淡化程度好、游泳快的健壮大眼幼体。用于稻田培育蟹种的大眼幼体,一般采用常温下土池培育苗或天然苗,放养时间以 5 月中下旬至 6 月上旬为宜,太早易导致性早熟,太迟培育的蟹种规格小,失去了"育扣蟹、养大蟹、赚大钱"的优势。由于稻田育苗面积比较大,天然饵料丰富,光照条件好,植物光合作用旺盛,水体溶解氧丰富,故每 667 米^2 可放养 1.25～1.75 千克规格为 15 万～16 万只/千克的大眼幼体,或投放经 I 期变态后的规格为 5 万～6 万只/千克的仔幼蟹 0.75～1.25 千克。

140. 在稻田里培育蟹种时,如何投喂?

提高蟹苗成活率,投喂环节至关重要,初放的 10 天内一般投喂丰年虫,效果较好,也可投喂豆浆、鱼糜、红虫等鲜活适口饵料,投喂率为河蟹体重的 50% 左右。随着幼蟹生长速度的加快和变态次数的增多,投喂率逐渐下降至 10%。1 个月后,幼蟹已完成Ⅲ至Ⅴ期蜕壳,规格在 1.5 万～2 万只/千克,此时开始停喂精饵料,以投喂水草为主,并辅以少量的浸泡小麦,这样有利于控制性早熟。进入 9 月中旬,气温渐降,幼蟹应及时补充能量,以适应越冬之需。此时开始投喂精饵料,投喂率为 5%～10%,至 11 月中旬,确保幼蟹规格达到 80～150 只/千克。

141. 在稻田里培育蟹种时,如何调节水质?

幼蟹对水质尤其是溶解氧的要求比较高,初放时水深应超过田面 5～10 厘米,7～8 月份的高温季节应及时补充新水,并加高水位,以控制水温,改善水质。在早稻收获后,一方面稻桩腐烂会败坏水质,另一方面水温尚高,因此要特别注意水温的调控措施,定期泼洒生石灰浆,水源充足时,可在每天下午 3～5 时换冲水,并使田水呈微流动状态。

142. 在稻田里培育蟹种时,如何捕获蟹种?

利用稻田培育蟹种,在捕获时可采用以下几种方法:流水刺激捕捞法、地笼张捕法、灯光诱捕法、草把聚捕法,尤其以流水刺激和地笼张捕相结合效果最佳。在捕捉时,将地笼放置在流水的出入口处,隔 10 米放置 1 条,将田水的水位缓慢下降,使蟹种全部进入蟹沟,再利用微流水刺激或反复升降水位来刺激捕捞。最后放干田水后将剩余的少部分(2%～5%)蟹种以人工方式挖捕。

143. 在稻田里养殖成蟹时,如何鉴别与放养扣蟹?

目前市场上蟹种种质资源十分混乱,其中以长江蟹种稳定性能好、生长速度快、成活率及回捕率高,因此选择蟹种时要选择长江水系的扣蟹。至于扣蟹质量优劣的具体鉴别方法请见前文所述。

扣蟹的放养时间以 2 月中旬至 3 月上旬为宜,此时温度低,河蟹的活动能力及新陈代谢强度低,有利于提高运输成活率。每 667 米² 稻田宜放养规格为 120 ~ 200 只/千克的蟹种 400 ~ 600 只。

由于扣蟹放养与水稻移植有一定的时间差,因此暂养蟹种是必要的。目前常用的暂养方法有网箱暂养和田头土池暂养。网箱暂养时间不宜过长,否则会折断附肢且互相残杀现象严重,因此建议在田头开辟土池暂养。具体方法是在蟹种放养前 15 天,在稻田田头开挖一个面积占稻田面积 2%～5%的土池,用于暂养扣蟹。

144. 在稻田里养殖成蟹时,如何移养蟹种?

待秧苗移植 1 周且禾苗成活返青后,可将暂养池与土池挖通,并用微流水刺激,促进扣蟹进入大田生长,通常称为稻田二级养蟹法。利用此种方法可以有效地提高河蟹成活率,也能促进河蟹适应新的生态环境。

145. 在稻田里养殖成蟹时,如何投喂与捕捞?

稻田养殖成蟹,一般以人工投喂为主,饵料种类较多,有天然饵料如稻田中的野草、昆虫,人工饵料如野杂鱼虾,配合颗粒饵料及浮萍、水草等。日投喂量应保持在河蟹体重的 5%～7%,饵料主要投喂在环形沟边。

稻谷收获一般采取收谷留桩的办法,然后将水位提高至 40～50 厘米深,并适当施肥,促进稻桩返青,为河蟹提供遮阴场所及天然饵料来源。稻田养蟹的捕捞时间在 10～12 月份为宜,可采用夜晚岸边捉捕法、灯光诱捕法、地笼张捕法,最后放干田水挖捕。

146. 稻田养蟹时,如何调节水位?

水位调节,是稻田养蟹过程中的重要一环,应以稻为主,前期水位宜浅,保持在 10 厘米左右;后期宜深,保持在 20～25 厘米。在水稻有效分蘖期采取浅灌,保证水稻的正常生长;进入水稻无效分蘖期,水深可调节至 20 厘米,既增加河蟹的活动空间,又促进水稻增产。夏季每隔 3～5 天换冲水 1 次,每次换水量为田间水位的 1/4～1/3。

147. 稻田养蟹时,如何施肥?

养蟹稻田一般以施基肥和腐熟的农家肥为主,促进水稻稳定生长,保持中期不脱力,后期不早衰,群体易控制。每 667 米^2 施农家肥 300 千克、尿素 20 千克、过磷酸钙 20～25 千克、硫酸钾 5 千克。放蟹后一般不施追肥,以免降低田中水体溶氧量,影响河蟹特别是蟹种的正常生长。如果发现脱肥,可少量追施尿素,每 667 米^2 不超过 5 千克。施肥的方法是:先排浅田水,让蟹集中到蟹沟中再施肥,这样有助于肥料迅速沉积于底泥中并为田泥和禾苗吸收,随即加深田水至正常深度;也可采取少量多次、分片撒肥或根外施肥的方法。

148. 稻田养蟹时,如何施药?

稻田养蟹特别是成蟹养殖能有效抑制杂草生长;河蟹摄食昆虫,又可降低病虫害。所以,可减少除草剂及农药的施用。在插秧前用高效低毒农药封闭除草,蟹种入池后,若再发生草荒,可人工拔除。如果确因稻田病害或蟹病严重需要用药时,应掌握以下几点：①科学诊断，对症下药；②选择高效低毒低残留农药；③由于河蟹是甲壳类动物，也是无血动物，对含磷药物、菊酯类药物、拟菊酯类药物特别敏感，因此慎用敌百虫等药物，禁用溴氰菊酯等药物；④喷洒农药时，一般应加深田水，降低药物浓度，减少药害，也可放干田水再用药，待8小时后立即进水至正常水位；⑤粉剂药物应在早晨露水未干时喷施，水剂和乳剂药物应在下午喷洒；⑥降水速度要缓，待河蟹爬进蟹沟后再施药；⑦可采取分片分批的用药方法，即先施一半稻田，过两天再施另一半，同时尽量避免农药直接落入水中，以保证河蟹的安全。

149. 稻田养蟹时，如何晒田？

水稻生长过程中必须晒田，以促进水稻根系的生长发育，控制无效分蘖，防止倒伏，夺取高产。农谚对水稻用水进行了科学的总结，那就是"浅水栽秧、深水活棵、薄水分蘖、脱水晒田、复水长粗、厚水抽穗、湿润灌浆、干干湿湿"。因此，有经验的农民常常会采用晒田的方法来抑制无效分蘖，此时水位很浅，对河蟹养殖是非常不利的，因此做好稻田的水位调控工作是非常有必要的。在生产实践中笔者总结出一条经验，那就是"平时水沿堤，晒田水位低，沟溜起作用，晒田不伤蟹"。解决河蟹与水稻晒田矛盾的措施是：缓慢降低水位至田面以下5厘米处，轻烤快晒，2～3天后即可恢复正常水位。

四、河蟹的湖泊养殖技术

150. 湖泊养蟹时,对湖泊的选择有哪些要求?

在湖泊中养殖河蟹,是我国河蟹养殖业的重要方法之一,最初采取的方法是湖泊人工放流,后来慢慢转变为湖泊半精养,直到发展为现在的湖泊精养。在湖泊中进行网围养蟹时,对湖泊的类型有以下要求:一是要选择草型湖泊,二是要选择浅水型湖泊。那些又深又阔或者是过水性湖泊,则不宜养殖河蟹,这是因为一些过水性湖泊在枯水季节,水位高程不足 5 米;在夏季大水季节,水位高程可达 7 米左右。这种大起大落的水位不利于养殖业的发展,尤其是围拦网养蟹受冲击最大;浅水时,养蟹面积较小、水质易变坏;大水时,要么冲毁拦网,要么河蟹长时间浸泡在深水中溺死。

草型湖泊网围养殖河蟹是由网围养鱼发展而来的,这种形式与畜牧业上的圈养形式相似,目前在长江中下游地区的草型湖泊中发展十分迅速。

151. 如何选择湖泊网围养蟹的地点?

湖泊网围养蟹应具备以下条件:①环境比较安静,水位相对稳定,水域开阔,水质良好,湖底平坦,风浪较小,水流缓慢通畅。②湖岸线较长,坡底较平缓,水深适宜,常年水位保持在 1~1.5米,水位落差小。③湖底平坦,底质为黏土、硬泥,淤泥中有机质少。④要求周围水草和螺蚬等天然饵料资源丰富,敌害生物少,网围区内水草的覆盖率在 50% 以上,并选择一部分茭草、蒲草地段作为河蟹的隐蔽场所。⑤不影响周围农田灌溉、蓄水、排洪、船只航行,避免选择河流的进出水口和水运交通频繁的地段,环境安静,交通便利。

应注意的是,湖泊中水草的覆盖率不要超过 70%,生产实践证明,水浅草多尤其是蒿草、芦苇、蒲草等挺水植物过密导致水流不畅的湖湾岸滩浅水区,夏、秋季节水草大量腐烂,水质变臭(渔民称酱油水、蒿黄水),分解出大量的硫化氢、氨、甲烷等有毒物质和气体,有机耗氧量增加,易造成局部缺氧,引起养殖鱼类和河蟹的大批死亡,这样的地方不宜养殖河蟹。

152. 如何安装湖泊网围设施?

网围设施由拦网、石笼、竹桩、防逃网等部分组成。拦网用网目 2 厘米的 3×3 聚乙烯网片制作,用毛竹作桩。网高 2 米,装有上、下纲绳。上纲固定在竹桩上,下纲连接直径 12～15 厘米的石笼,石笼内装小石子,每米 5 千克,踩入泥中。竹桩的毛竹长度要求在 3 米以上,围绕圈定的网围区范围,每隔 2～3 米插 1 根竹桩,要垂直向下插入泥中 0.8 米,作为拦网的支柱。防逃网连接在拦网的上纲,与拦网向下成 45°角,并用纲绳向内拉紧撑起,以防止河蟹攀网外逃。为了检查河蟹是否外逃,可以在网围区的外侧下一圈地笼。一般网围面积为 2～6 公顷,最大不超过 66 公顷。

网围区的形状以圆形、椭圆形、圆角长方形为最好,因为这种形状抗风能力较强,有利于水体交换,减少河蟹在拐角处挖坑打洞和水草等漂浮物的堆积。每一个网围区的面积以 6 670～33 350 米^2 为宜。

153. 养蟹湖泊如何除野？

乌鱼、鲶鱼、蛇等鱼类是河蟹的天敌，必须严格加以清除。因此，在下拦网前一定要用各种捕捞工具，密集驱赶野杂鱼类。最好还要用石灰水、巴豆等清塘药物进行泼洒，然后放网并把底纲的石笼踩实。

154. 如何在养蟹湖泊中种植水草？

湖泊和网围内水草的多少不仅直接影响河蟹的数量、规格和品质，而且关系到网围养蟹能否走上可持续发展的关键措施。渔谚"蟹大小，看水草，蟹多少，看水草"是十分形象化的描述。为保护湖泊中的水草资源，一方面务必保护好围网外的水草，做到合理开发利用；另一方面，必须在网围内种植水草。

155. 如何在湖泊网围中放养蟹种？

网围养蟹的形式多种多样，基本上是以鱼蟹混养为主。蟹种以 3 月份水温在 10℃ 左右时放养最好。此时气温低，运输成活率高，放养规格为 80～120 只/千克的越冬蟹种。通常每平方米水面放养 2～2.5 只蟹种。鱼种放养仍按常规进行，但放养结构上应减少一部分草食性鱼类，增放一部分鲫鱼和鲢、鳙鱼，以缓解鱼、蟹的食饵竞争。

156. 在湖泊养蟹时,应做好哪些饲养管理工作?

(1)合理投喂 在湖泊网围养蟹的范围内,水草和螺蚬资源相当丰富,可以满足河蟹摄食和栖居的需要。笔者经过调查发现,在水草种群比较丰富的条件下,河蟹摄食水草有明显的选择性,爱吃沉水植物中的伊乐藻、菹草、轮叶黑藻、金鱼藻,不吃聚草,苦草也仅吃根部。因此,要及时补充一些河蟹爱吃的水草。

在蟹、鱼生长季节,应坚持每天投喂,白天喂鱼,夜间喂蟹。并应放进一部分螺蚬和抱卵虾,让其在网围内自然繁殖,为河蟹提供动物性饵料。投喂应坚持"四定"投喂原则。饵料搭配在3~5月份以植物性饵料为主,6~8月份以动物性饵料为主,如小杂鱼、螺蚬类、蚌肉等,9月份为促肥长膘,应加大动物性饵料的投喂量。

(2)定期检查 在日常管理中,每日早、晚各巡网1次。检查网围是否坚固,网围区防逃设施是否完好,如有损坏应及时维修,确保安全;并要定期检查河蟹的摄食、蜕壳、生长情况,及时清除腐烂变质的残饵和网片中的污物。7~8月份是洪涝汛期和台风多发季节,要加固竹桩,备好防逃网片,随时清除网片上的水草等污物,保持网片内外水流通畅,严防鱼、蟹逃逸。

(3)水草管理 要把漂浮到拦网附近的水草及时捞出,以利于水体交换。如果发现网围区内水草过密,则要用刀割去一部分水草,形成3~5米的通道,每个通道的间距为20~30米,以利于水体交换。为了改善网围区内的水质条件,在高温季节,每15天左右用生石灰化水泼洒1次,每667米² 水面用20千克左右。

(4)病害预防 围网养殖由于水体是流动的,生态环境较好,在养殖中病害发生较少。只要在放养时注意不要让蟹体受伤,进行严格消毒就可以了。

(5)适时捕捞 湖泊网围养蟹,由于环境条件优越,河蟹生长速度比池塘养殖的快,性成熟时间也比池塘养殖的早,因此其生殖洄游开始的时间也早。在长江中下游地区,一般9月中旬全部变成绿蟹。因此,通常在9月下旬开始捕捞。捕捞工具主要有蟹簖、人工蟹穴、地笼网、丝网等。捕出后的成蟹应放入暂养池暂养1~2个月后,再行销售。

五、河蟹的越冬肥育技术

157. 什么是河蟹的越冬肥育？

河蟹的越冬肥育也称为河蟹的囤养,是指将从养殖水体捕起的成蟹转入到人工控制下的专用的小面积场地进行短期集约化饲养后,再作为商品蟹出售的一种方式,它与一般河蟹养殖的区别有两点:一是其他形式的河蟹养殖是从幼蟹养至成蟹,而肥育是将成蟹进一步养殖,实际上就是将早期的成蟹养成性腺更肥满的成蟹;二是其他形式的养殖周期较长,至少要 6 个月左右,而肥育的养殖时间较短,一般短的仅有十几天,长的也就 2 个月左右。

158. 河蟹的越冬肥育有哪些意义？

(1) **提高商品规格** 一般在大水面中养殖的河蟹在 9 月份就开始捕捞,这时的河蟹正值生殖蜕壳的后期,捕捉上来的河蟹一部分已经蜕壳完毕,一部分正在蜕壳中,还有一部分即将蜕壳,通过人为越冬肥育后,可以促进河蟹的蜕壳继续进行,蜕完壳后的河蟹个体会更大,规格上了一个等级,价格也就上了一个台阶。

(2) **提高商品价值** 在每年 9 月份捕捉的河蟹,肌肉还不充实,性腺发育还不完全,表现为蟹黄不饱满,蟹膏不肥腴,水分较多,有经验的饕餮食客称之为"水瘪蟹",因此商品价值较低。在经过短期肥育囤养后,加上人工投喂优质饵料,河蟹的性腺发育成熟,膏肥黄多,肌肉饱满结实,水分较少,商品价值很高。

(3)**可以待价而沽** 秋末冬初,各地养殖的商品成蟹进入捕捞销售阶段。由于货源集中,往往给销售带来一定困难,同时售价也不理想,直接影响经济效益的提高。不少精明的养蟹户利用房前屋后的空地开挖土池、修建水泥池或在天井、庭院内建池,进行小范围高密度养殖,将捕上的商品成蟹进行囤养肥育,至春节前后再销售,他们通过投喂饵料与强化培育、人工肥育相结合,达到既增加河蟹的个体大小,又增加河蟹饱满度的目的。

越冬肥育这种养殖方式把暂养和养殖有机结合起来,占地面积不大,精养细管,单产水平较高,可获得很高的经济效益,现在已经成为广大农村致富的一条好路子。

159. 河蟹的越冬肥育有哪几种方式?

虽然全国各地的肥育方式比较多,但也是大同小异,常见的肥育方式主要有土池肥育、水泥池肥育、竹笼肥育、塑料箱肥育、网箱肥育、室内肥育和水缸肥育等,效果最好且使用最广泛的是水泥池肥育,其次就是小土池肥育。

160. 如何建设河蟹的越冬肥育池?

为了方便看管,可选择在房前屋后的空地上修建肥育蟹池,利用塘水、地下水或自来水作为养殖水源。肥育蟹池可分为土池和水泥池两种。土池要求面积为 $667\sim1000$ 米^2,能保持 1.5 米以上水深,不渗漏,进、排水方便。如果是直接利用养过鱼的池塘,池底腐殖土厚度不能超过 15 厘米,超出该厚度的,要清除一部分,否则河蟹腹部色泽容易变黑,不仅影响肉质和味道,还会影响售价。在河蟹入池前 10 天,用生石灰清塘,1 周后注水放蟹,池内也要投放占水面积 $1/3\sim2/5$ 的水生植物,让河蟹安全避敌和摄食。

使用最方便的还是水泥池,蟹池的形状没有一定的要求,可以建成方形、圆形或其他形状,要求面积在 $20\sim100$ 米^2,能蓄水 1.2 米以上,进、排水方便。池底池壁都要用平砖或侧砖砌成,加水泥嵌缝,或用水泥抹平,池底铺上 $15\sim20$ 厘米厚的细沙。设有完善的相对的进、排水设施,池底向出水口一侧倾斜。池周围用竹片、网纱等围起高 70 厘米的防逃墙,墙上方搭水泥平台或玻璃平台。池内种植占池面积 1/3 的水葫芦、水花生、浮萍、菹草、轮叶黑藻、茭白等水生植物,同时在池内还要设置河蟹栖息场所,如安设瓦砾、砖头、石块、网片、旧轮胎、草笼等,供河蟹隐蔽栖息、防御敌害。

161. 在河蟹越冬肥育时,其养殖密度如何确定?

土池肥育时,每 667 米^2 可放养成蟹 $500\sim700$ 千克。水泥池肥育时,每平方米放养成蟹 $1.5\sim2$ 千克。

162. 河蟹在越冬肥育时,如何投喂饵料?

肥育河蟹,就是要让它吃得好、吃得饱,这样才能长肉,才能促进性腺的发育。因此,饵料投喂是非常重要的。投喂以小鱼、小虾、螺蚬、蚌肉、蚯蚓、猪血等动物性饵性为主,占饵料总量的 80%,并适当补充投喂一些瓜类、蔬菜等青绿饵料。投喂量以吃饱、吃完、不留残饵为准,一般可占池中河蟹体重的 10% 左右,每天投喂 $2\sim3$ 次,早晨和傍晚各投喂 1 次,定点投放在接近水位线的池边或池中浅水处,上午投喂全日量的 40%,傍晚投喂 60%。

163. 如何做好河蟹越冬肥育期的精细管理?

一是强化水质管理。河蟹喜欢比较清新的水环境,在肥育阶段,其新陈代谢旺盛,吃得多,排泄得也多,因此水质常常会受到影响。要想蟹池水质保持清新,池水应每日更换 1 次或隔日更换 1 次,每次换水 1/3～1/2,如果有条件的话还可以使用微流水来囤养。

二是做好巡池检查工作,在河蟹肥育囤养期间,必须坚持每天早、中、晚巡池检查。首先观察水色、水位。如水质清新,溶氧量在 5 毫克/升以上、池水不渗漏、水位达到要求,则视为正常。反之,如水色变浓,水位降至要求水位以下,则须加大换水量,提高池内水位至标准要求;其次是检查摄食情况,重点查看残饵量的多少,如残饵量多,则在下次投喂时适量减少投喂量。反之,则应适量增加。变质的残饵要及时捞除,以保持水质清新。再次是查看河蟹的活动情况。如果发现河蟹有相互搂抱行为,要及时捕出出售,为了防止发生这种现象,建议尽可能在成蟹入池前进行雌、雄分池囤养。最后还有一点要注意,就是设在囤养池旁边的管理者住所,夜间尽可能关闭电灯,这样可避免河蟹因喜光习性而迎着亮光爬行,使体力消耗增加。

164. 怎样才能做到肥育蟹的及时销售?

到春节前后,河蟹价格比秋末冬初集中捕捞时要高,且其个体体重也增加 30%～50%。经过囤养,成活率一般在 80% 左右,但相比之下,仍会有明显效益。例如,100～125 克/只个体经肥育达到 150 克/只以上规格时,价格在上海等大城市会提升一个档次。而 200 克/只以上的价格更高,销售更畅,成为出口创汇的走俏货。

六、河蟹的捕捞和运输

165. 何时可以捕捞河蟹？

"秋风呼,蟹爪痒",经过一个夏季的饲养,到了秋天时,"黄满膏肥",这时就可以捕捞了。一般大水面捕捞时间宜在重阳节前后,精养蟹池的捕捞时间可以推后一点,为了提高大水面的捕获量,可将重阳节期间捕捞的河蟹放入精养池中进一步囤养。

166. 如何用地笼张捕河蟹？

最有效的河蟹捕捞方式是用地笼张捕,地笼网是最常用的捕捞工具。每只地笼长 10～20 米,分成 10～20 个方形的格子,每只格子间隔的地方两面带倒刺,笼子上方织有遮挡网,地笼的两端分别圈为圆形,地笼网以有结网为好。

前一天下午或傍晚将地笼放入池边浅水中,里面放入腥味较浓的鱼块、鸡肠等作为诱饵效果更好,网衣尾部露出水面。傍晚时分,河蟹出来寻食时,闻到腥味,寻味而至,碰到笼子后,笼子上方有网挡着,爬不上去,便四处寻找入口钻进笼子。进入笼内的河蟹滑向笼子深处,成为笼中之蟹,翌日早晨即可从笼中倒出河蟹。

167. 如何用手抄网捕捞河蟹？

把手抄网上方扎成四方形,下面留有倒锥状的漏斗,沿蟹塘边沿地带或水草丛生处,不断地用杆子驱赶,使河蟹进入四方形抄网中,提起抄网,河蟹就留在网中。这种捕捞法适宜用在水浅而且河蟹密集的地方,特别是在水草比较茂盛的地方效果非常好。

168. 如何干池捕捉河蟹?

排干池塘中的水,河蟹便集中在塘底,用人工手捡的方式捕捉。应注意的是,排水之前最好先将池边的水草清理干净,避免河蟹躲藏在草丛中;排水的速度最好快一点,以免河蟹钻入洞中。

169. 如何运输成蟹?

根据河蟹的商品特性,销售的商品蟹必须鲜活,因为河蟹一旦死亡,其体内的组氨酸就会分解转化成有毒性的组氨,对人体是非常不利的,如果食用不当,会造成人体中毒。因此,如何保证河蟹鲜活并安全运输至销售地点,是商品蟹运输中的重要一环。

少量的商品蟹可以用手提或包拎就可以了,也可以用草绳或塑料绳将商品蟹捆绑后随身带走。但是大批量商品蟹的运输就不是这么简单了,首先在运输前需要对商品蟹进行适当的包装,这种包装对于提高河蟹的品牌价值和市场认知度是非常有好处的。商品蟹的包装可分为精包装和简包装,目前常用的包装是简包装,工具有蟹笼、竹筐、柳条筐以及草包、蒲包、木桶等。商品蟹在包装时,应先在蟹笼、竹筐中垫入一层浸湿的稀眼草包或者蒲包,然后将挑选待运的商品蟹逐只分层码放在筐内。放置时,应使河蟹背部朝上,腹部朝下,力求码放平整、紧凑,沿笼、筐边缘的河蟹,码放时还应使其头部朝上。河蟹装满后,用浸湿的草包盖好,再加盖压紧捆牢,不让河蟹在筐内活动,尽可能减少体力消耗,以提高运输存活率。精包装专门用于礼品蟹的包装,销售走的是高端路线,一般用于大规格、无公害、品牌效应好的商品蟹,如阳澄湖的大闸蟹就是以一对一对进行包装的,价格也达到了每只近百元。

　　商品蟹大批量长途运输可用汽车、轮船或飞机。运输装车前,应将装好蟹的蟹筐在水中浸泡一下,或人工喷水,使蟹筐和蟹鳃腔内保持一定的水分,以保证河蟹在运输途中始终处于潮湿的环境中。装满蟹的蟹笼、蟹筐,在装卸时要注意轻拿轻放,禁止抛掷或挤压。用汽车长途装运,蟹笼、蟹筐上还要用湿蒲包或草包盖好,使两侧和迎风面不被风吹、日晒。途中要定期加水喷淋。运输1～2天中转时,应打开蟹筐,检查筐内河蟹存活情况,如发现死蟹较多,需立即倒筐,剔除死蟹,并用新鲜河水冲洗活蟹,以防途中死亡蔓延。

七、河蟹的繁育技术

170. 河蟹的繁殖有哪些特点？

由于河蟹是一种在淡水中生长发育,在海水中繁殖后代的甲壳动物,因此人工繁殖河蟹需要特别的水资源和相应的技术,对于广大养殖户来说,难度较大,因此本书对河蟹的繁殖育苗技术不做深入介绍,仅为了保证本书的系统性、完整性,而对河蟹的繁育技术做一简单地介绍。

171. 河蟹何时可以进行繁殖？

在天然水域中,刚刚孵化的河蟹幼体经过大眼幼体期以后,便从江河出海口迁移到内陆的淡水江河、湖泊、港渠之中,定居16～17个月,经过2个秋龄的生长发育后,进入生殖洄游阶段。决定河蟹生殖洄游的主要内在因子是它们性腺的发育程度,当雄蟹的精子细胞变态为精子,雌蟹的卵母细胞由生长期转为成熟前或成熟期时,河蟹的生殖洄游逐渐走向高峰。洄游高峰期的出现是河蟹性细胞成熟的标志。在生殖洄游期,河蟹的摄食明显减少,性腺发育的营养来源主要依靠肝脏的营养转化,为河蟹产卵繁殖做好了物质准备。

当河蟹的性腺发育成熟后,便于秋、冬季节(即寒露至立冬)成群结队地顺水而下,向它们"出家"时的江河出海口处迁移。这就是通常所说的"西风响,蟹脚痒,返故乡"。然后在出海口的水域内进行抱对交配。

172. 亲蟹的选择有哪些标准？

在河蟹的养殖生产中，我们将达到性成熟且具有繁殖后代能力的河蟹称为亲蟹，因此亲蟹是进行河蟹人工繁殖的物质基础。俗话说，"巧妇难为无米之炊"，只有具备数量充足、质量较好的亲蟹，才能保证人工繁殖得以顺利进行。

为了保证种质的纯正，最好是从江河、湖泊等自然水域收集野生的绿蟹。亲蟹既包括母蟹（雌蟹），也包括公蟹（雄蟹），根据生产的需求，通常应选择性腺成熟、蟹体健壮、肢体齐全、体表干净、肢壳坚硬、爬行活跃、肥度好、规格整齐、反应灵敏的蟹作为亲蟹，对于那些附肢缺少或患病的河蟹绝不能作为亲蟹选择。另外，不同性别的亲蟹在体重上也有讲究，可选择体重在 100 克以上的二秋龄绿蟹作为亲雌蟹，雄蟹的体重则要大一些，一般要选择 150 克左右的为宜。雌、雄比例以 2～3：1 为宜。

173. 如何鉴别雌、雄亲蟹？

为了更好地安排生产，必须做好亲蟹的雌、雄配比，因此需要对雌、雄河蟹进行准确的鉴别。用于繁殖的雌、雄亲蟹在鉴别上特别容易，几乎所有从事养殖或经营的人员都能快速鉴别出来。一是看亲蟹腹面的脐，呈三角形的是雄蟹，呈圆形的是雌蟹；二是看河蟹的大螯，螯足大且粗壮，上面密布黑毛的是雄蟹，螯足上的毛非常稀疏的则是雌蟹（图 8）。

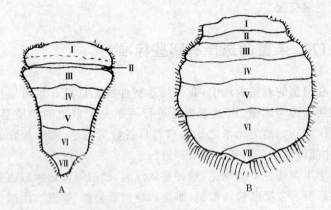

图 8　亲蟹的雌、雄鉴别（脐的区别）

A. 雄性　B. 雌性

174. 如何计算雌、雄亲蟹选留的数量？

雌、雄亲蟹选留多少，应根据生产量和实际需要来决定，一般每千克亲蟹（包括雄蟹）可生产蟹苗（大眼幼体）0.3～0.5 千克，雌、雄性比可按 2：1 配对。例如，一家养殖场需要蟹苗 400 千克，那么就需要 1 000 千克的亲蟹，其中雌蟹约 660 千克，雄蟹约 340千克。

175. 亲蟹的选留在何时进行为好？

选留时间可在 10～11 月份进行，此时亲蟹发育程度最好，雄蟹蟹膏肥厚，雌蟹蟹黄饱满，是最佳的选配时间。

176. 如何暂养亲蟹？

为了保证亲蟹的繁殖率，减少它们的损伤，对于已经选留好的亲蟹最好在当天运至育苗场。如果不能当天运走或亲蟹数量不足时，则需就地进行暂养。

根据河蟹的生理特点，目前亲蟹暂养的方法有室外暂养和室内暂养2种。

(1)室外暂养 又称为笼养，就是选用竹片或木材，按要求制成一定规格的笼子，每笼放25～30只亲蟹，为了防止亲蟹过早流产，必须将雌、雄亲蟹分开暂养。将装好亲蟹的笼子悬吊在水质清新的外河或经常换水的池塘中，一定要注意暂养笼在吊挂时，底部必须距池底50厘米以上，同时做好定期检查、投喂饵料、预防敌害等工作，确保亲蟹的成活。这种方法可用于较长时间的暂养。

(2)室内暂养 又称室内湿放，是指将装满亲蟹的竹笼(或木桶)放在室内，每天喷水2～3次，使亲蟹的鳃腔保持潮湿。此法虽然比较简便，但仅可存放2～3天，只适宜短期暂养采用。

177. 如何运输亲蟹？

由于河蟹性成熟前都是在淡水中生长发育的，而河蟹的繁殖是需要咸水的，因此亲蟹一般都需要长途运输。

(1)做好运输前的准备 根据运输亲蟹的数量、规格和运输里程等情况，确定装运时间、装运密度、起运时间、到达时间。另外，人力安排、运输工具、消毒药物、水草、蒲包、竹笼等都要按计划提前准备好，做到快装、快运。

(2)快速装运 由于亲蟹担负着繁育后代的重任，因此对它的运输不能掉以轻心。根据路途远近和运输量大小，组织和安排具有一定管理技术的运输管理人员，做好起运和装卸的衔接工作，以及途中的管理工作，尽量缩短运输时间。在装运前囤养1～2天，让蟹排净粪便。亲蟹运输前，应先在竹笼内垫些水草或蒲包，将亲蟹平整地放在水草或蒲包中，放满后将其扎紧固定，以防亲蟹爬动。装运时操作要轻柔、敏捷，尽量减少对蟹的刺激，力求避免损伤亲蟹，尤其是亲蟹的附肢不能断损。装运前将装满亲蟹的竹笼放在清水中浸泡数分钟，然后将亲蟹笼装入汽车或轮船上起运。运输途中既要防止风吹日晒，又要防止通气不良、高温闷热，因此尽量选择早、晚或凉爽的天气运输。如果运输距离较远，途中还应定时洒水，使亲蟹始终保持在潮湿、通气良好的环境中，以提高亲蟹运输的成活率。

178. 亲蟹的饲养管理要点有哪些？

运输到繁育场的亲蟹要经过越冬饲养后方能用于繁殖，通常有笼养、室内水泥池饲养和室外露天池饲养等方式，以露天池饲养为主。

(1)越冬池的选择 室外露天池一般都是土池，越冬池应选择建在背风向阳、靠近水源、环境相对安静的地方，以东西走向、长方形或正方形、面积667～2 001米^{2}的土池为宜，水深1.5米以上，土质以泥沙土或黏土为好。亲蟹入池前要做好清池工作，彻底清除池底淤泥，并对池底进行翻耕、晾晒10天以上。消毒一般采用生石灰（75～100千克/667米^2）或漂白粉（7～8千克/667米^2）全池泼洒，7天后注水，老池还要清除池底的淤泥，建好防逃设施。

(2)亲蟹的放养 亲蟹放养时要将雌、雄亲蟹分开，用淡水饲养，每667米^{2}放养亲蟹200～400千克。

(3)饵料投喂 选择营养丰富的鲜活饵料，如沙蚕、鲜杂鱼等定时投喂，还可以适量投喂咸带鱼、青菜、稻谷、麦子等，日投喂量一般为亲蟹总体重的 8%～12%,每天在日落前投喂 1 次,沿土池四周将饵料投入水位以下,翌日巡池检查亲蟹摄食情况,清除残饵,同时调整投喂量。多个饵料种类要交替投喂。

(4)水质调控 抱卵亲蟹越冬期间,重点要保持水环境的相对稳定,其主要水质指标每隔 15 天监测 1 次,盐度保持在 25‰左右,溶氧量保持在 5 毫克/升以上,pH 以 7.8～8.7 为好。渗漏的土池每隔 5～7 天添水 1 次,保持水位在 1.5 米以上。可以不换水,如需换水,每次换水量应不超过总水体的 30%。水体封冻时,要插入适量草把,并在每天早晨太阳升起以前破冰,及时清扫冰上积雪。

(5)日常管理 每天早、晚各巡塘 1 次,以观察亲蟹的活动情况、摄食情况及水色变化等;检查防逃设施是否破损;每隔 15 天要定期镜检抱卵亲蟹的受精卵发育情况,及时采取和调整管理措施,以保证抱卵亲蟹顺利越冬。

179. 亲蟹如何交配、产卵和受精?

(1)亲蟹的交配 河蟹交配产卵池的面积以 333.5～667 米²为宜,池底以沙质为好。每年 12 月份至翌年 3 月上中旬是河蟹交配产卵的盛期。在水温 8℃以上,选择晴朗的天气,将性腺成熟的雌、雄河蟹按 2～3∶1 配组后,一同放入海水池中,亲蟹受到海水刺激,很快会有发情反应,但雄蟹发情较早。发情的雄蟹尽力地追逐雌蟹,用其强有力的大螯足钳住雌蟹的步足,如此时雌蟹尚未发情,便会竭力挣脱;当雌蟹也开始发情时,便会将步足、螯足收拢,任凭雄蟹携带而行。待雄蟹找到安静而且光线较弱或有隐蔽物之处,便将雌蟹松开,并伸展其步足,雌蟹往往静立在雄蟹腹部下面,待雌蟹达到性高潮时,双方拥抱,进行交配。

(2)亲蟹的产卵和受精 在雌、雄亲蟹交配的时候,雌蟹主动打开腹部,暴露出胸板上的生殖孔,雄蟹随即打开腹部,并将其按在雌蟹腹部的内侧,使雌蟹的腹部不能闭合,与此同时,雄蟹的一对交接器末端紧压在雌蟹的生殖孔上,由交接器运动挤压,将其精荚插入雌蟹的生殖孔内,直至将精荚贮于雌蟹的纳精囊内,待纳精囊内贮满精荚,交配才算完成。

一般在水温为9℃～12℃、海水盐度为8‰～33‰时,河蟹能很快自然交配,经过7～16小时即可顺利产卵受精。

180. 如何饲养抱卵蟹?

(1)检查抱卵情况 雌、雄亲蟹放入交配池中20天左右,可排干池水,检查雌蟹的抱卵情况,如有80%以上的雌蟹已抱卵,应及时将雄蟹捕出,重新注入海水,饲养抱卵蟹。

(2)抱卵蟹的投喂 抱卵蟹通常也是在交配池中直接饲养的,要科学合理投喂咸带鱼、蚌蛤肉、沙蚕、蔬菜等饵料,使抱卵蟹吃饱、吃好,避免因饵料不足抱卵蟹摘卵自食。

(3)抱卵蟹的管理 3月份后,气温、水温逐渐升高,再加上抱卵蟹的食量大,排泄物多,池水容易恶化。因此,要特别注意加强水质管理,一般每3～4天换1次水,每次换水1/3～1/2,保持水质清、新、活、爽。换水时还要注意保持池水水温和盐度相对稳定,为蟹卵的发育创造一个良好的环境条件,以促进胚胎发育。

181. 河蟹的受精卵如何孵化?

受精卵有内、外两层卵膜,外膜因吸水而膨胀,两层膜间产生黏液,会黏附在雌蟹腹肢的刚毛上。由于雌蟹腹部不断扇动以及腹肢的活动,使黏附在刚毛上的卵群就像许多长串的葡萄。这种腹部携卵的雌蟹,称为怀卵蟹或抱仔蟹。怀卵蟹的怀卵量与其体

重、规格成正比。体重 100～200 克的雌蟹,抱卵量可达 30 万～50
万粒或以上。人工养殖越冬的抱卵蟹,所获怀卵蟹孵出幼体后不
需要再交配,可继续第二、第三次产卵,过去这种生理效应常被用
于人工育苗的二次孵幼。实践证明,二次抱卵所孵幼体个体规格、
体质都不利于养殖生产,现在生产育苗中多数已不再采用二次抱
卵蟹育苗。

因冬末至夏初水的温度很低,其胚胎发育较为缓慢,故早期产
的卵孵化时间较长,一般为 3～4 个月;晚期产的卵孵化时间较短,
一般为 1～2 个月。孵化出膜的溞状幼体,经过 5 次蜕皮,发育成
大眼幼体,俗称蟹苗。

182. 为什么蟹苗要先进行中间培育?

河蟹蟹苗离开亲蟹母体后,不能立即投入养殖环节中,这是因
为一是蟹苗个体弱小,逃避敌害的能力差;二是蟹苗的取食能力
低,食谱范围狭窄;三是蟹苗对外界不良环境的适应能力低。因
此,必须将蟹苗进行适当的中间培育后,才能进行成蟹的养殖,我
们将这种在生产上进行蟹苗中间培育的过程称为仔幼蟹的培育。
在生产中,将大眼幼体培养 15～20 天蜕壳 3 次后称为 III 期仔蟹,
这时规格达 16 000～20 000 只/千克,即可将它们投放至大水面或
池塘中饲养。从大眼幼体到 III 期仔蟹,称为仔蟹(又称豆蟹)培育。

183. 仔幼蟹的培育方式有哪几种?

经水产工作者多年的实践经验总结,形成了几种颇具特色的
仔幼蟹培育方式。

根据培育场所来划分,可分为水泥池培育、网箱培育和土池培
育 3 种方式;根据培育所需的温度来考虑,可分为常温培育(又叫

露天培育)和恒温培育(又叫温棚培育)。露天培育对温度要求不高,受外界气候如温度、风向、风力、天气等因素的影响较大,可控性较差,而且幼蟹出池规格大小悬殊,出现"懒蟹"的概率较高,成活率偏低,经济效益特别是当年效益不太理想。但露天培育对翌年的蟹种进行有目的的控制与培育有利,性成熟蟹种比例较小。温棚培育即通过人为控制,在相对封闭的温棚内进行人工调节水温,受外界环境的影响较小,可大大提高成活率,而且出池规格较整齐,"懒蟹"的比例降低,大大缩短了养殖周期。利用温棚培育当年早繁苗养殖成商品蟹是可行的,既减少了特种水产品在生产上的风险性,而且经济效益显著,是致富的好途径。

水泥池培育、网箱培育及土池培育,是仔幼蟹培育的不同载体,它们既可以在露天下培育,又可以在温棚内培育。

184. 如何用网箱培育仔幼蟹?

(1)网目大小 培育仔幼蟹的网箱用尼龙筛绢或聚乙烯网布制成,网目为8~9目/厘米,以不使蟹苗逃逸为度。在适度范围内,网眼大,流水通畅,效果更佳。

(2)网箱大小 网箱大小无严格规定,一般规格为2米×1米×1米或4米×3米×1米,体积在4~10米^{3}为宜(图9)。

(3)网箱种类 网箱可分为固定网箱和活动网箱2种。固定网箱四角用竹竿扎紧上下两角,竹竿插在泥中,使网箱各边拉紧挺直,不要折弯形成死角,否则会导致蟹苗进入死角难以觅食与活动而死亡。活动网箱用木架或竹框支撑,使之浮于水面。网衣下沉至水中70~80厘米。网箱上部用同规格的网片加盖封顶,但需留一个可供开闭的出入口。在开口处缝拉链或用铁夹夹牢,便于放苗、投喂及管理检查等,也可以在网箱露出水面的部分缝接30厘米的尼龙薄膜,用线和支架垂直拉挺,以防幼蟹逃跑和青蛙等水生

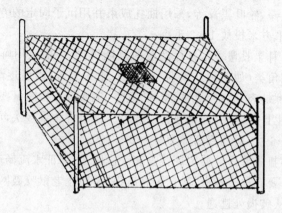

图 9 培育蟹苗的网箱

动物入箱。

（4）网箱设置 网箱可选择在具有一定水流的河流、湖泊、水库或大水面池塘中放置，要求水质清新无污染，水深 2 米左右，避风向阳，溶解氧充足。网箱培育仔幼蟹由于其自身的特点，常在露天培育，在温棚中一般不使用。在设置网箱时，不能直接将网箱贴在底泥上面，也不宜将整个网箱压在水草丛上，以免造成底层缺氧导致蟹苗死亡。有若干个网箱时，一般箱距 4～5 米，行距 5～6 米，这样便于集中操作管理。

（5）蟹苗投放 投放蟹苗的密度一般以 2 万～3 万只/米^3 为宜。投放密度较稀，成活率则较高，仔幼蟹个体就大；反之，投放的密度越高，其成活率就下降，出箱规格就小。另一方面，网箱中培育的时间越长，仔幼蟹的成活率越低，一般用 15～20 天培育成Ⅱ～Ⅲ期仔蟹再适时分箱进行Ⅳ～Ⅵ期幼蟹培育。

（6）隐蔽物设置 由于网箱培育仔幼蟹时，箱体中无穴居的可能，所以必须投放水草作为大眼幼体和仔幼蟹的附着物，增加它们栖息隐蔽的场所。适于投放的水草种类主要有水花生、菹草、黄丝草、金鱼藻、轮叶黑藻等,采用捆扎成束并用沉子固定的方法投放,一般每平方米投放 1～2 千克。

(7)科学投喂 培育仔幼蟹的早期饵料,一般采用鲜鱼糜、黄豆浆、枝角类(如俗称红虫的美女溞)、水蚯蚓等,以后逐渐增加碾压过的螺蚌肉、菜饼、豆饼、米糠、豆渣、猪血等。投喂量要充足,否则会发生自相残杀、弱肉强食的现象。投喂宜少量多次,前期每天投喂 4～6 次,后期逐渐降为每天 2～3 次。

(8)加强管理 要定期检查和洗刷网箱,保证水流畅通及良好的水质;要勤检查网衣,看是否有破损,要防止老鼠咬破网衣,造成仔幼蟹从破损处逃逸。

185. 如何用水泥池培育仔幼蟹?

(1)水泥池建造 水泥池要求用砖砌且池壁抹平,池角圆钝无直角。水泥池培育时水位不宜太深,以免软壳蟹因受压力太大而沉底窒息死亡,一般水深控制在 30～50 厘米。水位线以下的池壁抹粗糙些,以利于幼蟹攀爬,水位线以上的部分尽可能抹光滑些,以防幼蟹逃跑。为了防止幼蟹攀爬或叠罗汉逃逸,可在池壁顶部加半块砖头做成反檐。

(2)水泥池的处理 在蟹苗入池前,必须对水泥池进行洗刷和消毒,用板刷将池内刷洗 2～3 遍后,再用 100 毫克/升漂白粉混悬液全池洗刷一遍,即达到消毒目的(新建水泥池还需用氢氧化钠溶液浸泡,除去硅酸后方可使用)。

(3)设置隐蔽物 在培育池中,人工放置可供蟹苗栖息、隐蔽的附着物,具体材料各地可因地制宜,如芦苇叶及其茎束、经煮沸晒干的柳树根须、水花生等,把它们扎成小把,悬挂或沉入池底,还可投放紫背浮萍、水葫芦、苦草等。水草面积占池面积的 1/4～1/3。蟹池中放置水草的作用,主要是调节水质和供蟹苗栖身以及提供摄食的场所。

(4)增氧　在培育技术高、条件好的地方,尤其是蟹苗放养密度超过 5 万只/米³ 时,要采用机械增氧或气石增氧。机械增氧主要是用鼓风机通过通气管道将氧气送入水体中,慎用增气机直接搅水增氧。放置气石时,每平方米放 1 块气石并使之连续送气,这样不仅可保证水中有较高的溶氧量,而且借助波浪的作用可使大眼幼体或仔幼蟹比较均匀地分布于池水中。

(5)加强管理　在培育期间,要经常换水,通常每 3 天换水 1 次,换水量为 1/3 左右,保证水质清新。进水时,用 40 目的筛绢过滤水流,以防止野杂鱼及水生敌害昆虫进入池内危害幼蟹。每天要求定时、定点、定质、定量投喂,饵料的种类以营养价值高、易消化的豆浆、豆粉、血粉、鱼粉、蛋黄为宜,尤其是枝角类和水蚯蚓等天然活饵料为最佳,因为这类活饵既可以节约饵料,又能满足仔幼蟹的蛋白质需要,更重要的是对水质影响较小。在初始阶段,蟹苗主要营浮游生活,饵料可搅拌成糜状或糊状均匀地撒在水中,待到 Ⅱ 期变态后,可将饵料投放在水草叶面上,让幼蟹爬上来摄食。经过 15～20 天的培育,可分池进行 Ⅲ～Ⅵ 期的幼蟹培育,管理方法及饵料投喂与仔蟹培育时相似。

186. 土池露天培育仔幼蟹有哪些优缺点?

利用土池培育仔幼蟹,是目前最主要的仔幼蟹培育方式,具有造价低、管理方便、水质较稳定、生产上易于推广等优点;缺点是露天培育水温不易控制,敌害较多。例如,曾有人解剖过进入培育池中的青蛙,每只青蛙腹中有蟹苗 20 只左右,最多的高达 221 只。因此,在培育前做好相关的清塘除野工作是提高河蟹苗种成活率的重中之重。

187. 如何建造仔幼蟹露天培育土池?

土池多为东西走向,长方形,一般池宽有 5.5 米和 8 米 2 种。面积依培育数量而定,一般每池在 $80\sim120$ 米^2,水深保持在 $80\sim120$ 厘米。在池底铺 $5\sim10$ 厘米厚的黄沙,可对吸附杂质、稳定水质、提高育苗成活率起到重要作用。

建池时应考虑水源与水质。水源充足、水质良好、清新无污染且有一定流水的条件为佳。水体 pH 介于 $6.5\sim8$ 之间,以 pH $7\sim7.4$ 为最好。土池应建在安静的地方,选择背风向阳的场所,保证仔幼蟹蜕壳时免受干扰。底质以壤黏土为佳,不宜使用保水性差的沙质土。

188. 如何在土池中设置增氧设备?

增氧机的使用功率可依实际需要而决定,一般在生产中按 25 瓦/米^2 的功率配备,每个培育池(面积 150 米^2 左右)可配备功率为 250 瓦的小型增氧机 2 台,或用 375 瓦的中型增氧机 1 台,多个培育池在一起时,可采用大功率空气压缩机。

输送管又叫通气管或增氧管,采用直径为 3 厘米的白色硬塑料管(食用塑料管为佳)制成,在塑料管上每间隔 30 厘米打 2 个呈 60°角的小孔,可用大号缝被针,经火烫后刺穿管子即可。将整条通气管设置于距池底 5 厘米处,一般与导热管道捆扎在一起放置,在池中呈"U"形设置或盘旋成 $3\sim4$ 圈均匀设置,在管子的另一端应用木塞或其他东西塞紧不能出现漏气现象。也可将输送管置于水面 20 厘米处,通过气石将氧气输送到水体的各个角落,效果也很好。蟹苗入池后,立即开动增氧机,在大眼幼体蜕皮成Ⅰ期幼蟹($3\sim5$ 天)过程中,要保持不间断地向池中充气增氧(若增氧机使用时间过长,机体发热时,可于中午停机 1～2 个小时),确保水中含有丰富的溶解氧,有利于大眼幼体的变态。在顺利变态为Ⅰ期幼蟹后,增氧机的开机时间可有所调整,在正常天气、水温条件下,每天可开机 6～8 次,每次 1～2 小时。开机的原则是:阴雨天多开机,晴天少开机;白天天气晴朗时,可数小时不用开机;夜间多开机,白天少开机;光照强、光合作用旺盛时少开机;育苗前期多开机;蜕壳高峰期时多开机。

189. 如何在幼蟹培育池中栽种水草?

培育池中的水草通常有聚草、菹草、水花生等。栽种水草的方法是:将水草根部集中在一端,一手拿一小撮水草,另一手拿铁锹挖一小坑,将水草植入,每株间的株距为 15～20 厘米,行距为 20 厘米。

水草在仔幼蟹培育中起着十分重要的作用,具体表现在:模拟生态环境,提供丰富的食物,净化水质,提供氧气,可供幼蟹攀附,为幼蟹提供隐蔽栖息场所,可以为幼蟹遮阴、提供摄食场所,并有防病作用。

190. 怎样给河蟹幼体投喂饵料?

刚从母体中孵化出来的幼体,都是以天然饵料作为开口饵料的,培育常用的活饵料以藻类、轮虫和卤虫为主,并辅以用鱼肉、蛋黄等制成的人工微颗粒饵料。投喂方法为全池泼洒,坚持少量多次,以后每天投喂 4～6 次,投喂量可适当增加。饵料要求新鲜、适口,喂足、喂均匀。饵料颗粒的大小也应随着幼体的生长而逐渐加大。投喂动物性活饵料时,要掌握好投喂量,以当天吃完为原则,以免活饵料吃不完留在培育池内与河蟹幼体争夺空间、氧气和营养物质。

191. 怎样给仔幼蟹投喂饵料?

(1)饵料的准备 仔幼蟹的摄食方式与成蟹相似,都是用螯足捕食和夹取食物,然后把食物送到口边用大颚将食物咬碎。食性为杂食性,对新鲜鱼糜、螺蚌肉糜尤为喜爱,但不能充分利用鱼皮,因此在仔幼蟹培育期应注意动物性饵料的投入。

仔幼蟹的饵料包括动物性饵料和植物性饵料,最好的是浮游生物如枝角类等天然饵料。由于天然饵料产生的高峰期有时间限制,加上数量有限,因此主要还是依靠人工投喂,如动物性饵料有鲜鱼、螺蚌肉、鸡蛋、蚕蛹等;植物性饵料除栽种水草外,主要投喂黄豆、豆饼。

由于幼蟹对鱼皮不能利用,故小鱼应煮熟磨碎后投喂,螺蚌去壳后再投喂,鸡蛋煮熟后取其蛋黄过滤后投喂,黄豆浸泡12小时后再磨成浆汁投喂。按照仔幼蟹各期对营养的不同需求,确定最佳配比方案,然后将鸡蛋黄、鱼肉、螺蚌肉、豆浆一起搅拌在磨浆机中磨碎,用40目的筛绢过滤去渣滓,再均匀泼洒投喂。

(2)投喂方法 在大眼幼体至Ⅰ、Ⅱ期变态后,投喂次数原则上是每天5~6次,全天投喂量占蟹体重的100%;进入Ⅲ、Ⅳ期变态后,每天投喂4~5次,全天投喂量占蟹体重的80%;进入Ⅴ、Ⅵ期变态后,每天投喂2~4次,全天投喂量占蟹体重的50%~60%。投喂时间和投喂量以晚上占60%为主,以适应仔幼蟹昼伏夜出的天然生活习性。

192. 蟹苗如何出池?

目前,养蟹生产中流通的蟹苗,其繁育亲本有长江蟹、辽蟹、瓯蟹等之分。不同品系的河蟹在不同的养殖环境中,其个体大小和生长性能存在不同的特点,因此在不同地域养殖河蟹应结合当地的气候条件、水质特点选择合适的品种进行养殖,实现最佳的经济效益。

幼体经变态成为蟹苗,也就是大眼幼体后,再经 5～7 天的培育就可以出池。蟹苗出池前,应向培育池内不断加入淡水进行淡化处理,至蟹苗出池时,池水的盐度应低于 5‰,使其逐步适应淡水环境,为蟹种的培育打好基础。出苗时在育苗池出水口处加一个网眼直径为 0.6 毫米的网箱,拔去出水孔塞子,让水流进网箱集苗即可。出苗前应放掉部分池水,减轻池底压力,防止出水孔因压力较大而挤伤蟹苗。

193. 如何鉴别大眼幼体的质量?

据调查分析,有不少育苗户由于购买蟹苗不当,造成严重的经济损失,因此正确鉴别蟹苗质量非常重要。

(1)查询法　购买人工繁殖的蟹苗时,若有可能,最好要检查雌蟹亲本的个体大小及发育程度,判断蟹苗的孵化率及个体发育状况。同时,也要仔细询问蟹苗的日龄、饵料投喂情况、水温状况、淡化处理过程及池内蟹苗密度。若饲养管理较好,蟹苗日龄已达 5～7 天,淡化超过 4 天,且经过多次淡化处理,淡化盐度降至 2‰～4‰,并已保持 1 天以上,个体大小均匀比例达 80%～90%,说明该池蟹苗质量较好。反之,购买时应慎重考虑。

另外,还可查询一下亲蟹的培育方式,应选择本地培育的优质苗。一般土池培育的蟹苗较工厂化培育的蟹苗有更强的环境适应性。在同等条件下,应选择土池培育的蟹苗。

(2)池边观察判断法　首先,观察蟹苗的活动能力。在人工繁育蟹苗的池边,注意观察池内蟹苗的活动情况,包括游泳能力、攀爬能力及趋光性,同时观察池内蟹苗的密度。如果蟹苗游泳姿态正常、游动能力强、苗体健壮、规格均匀、体表光洁不沾污物、色泽鲜亮、活动敏捷、攀爬能力及对光线的趋向性强、池内蟹苗密度较大,每立方米水体超过 8 万～10 万只,说明该池蟹苗质量较好。反之,购买时应慎重考虑。

其次,观察蟹苗在水中游泳的活力和速度的快慢。选择在水中平游,速度很快,离水上岸后迅速爬动的健康苗;不选在水中打转、仰卧水底、行动缓慢或聚成一团不动的劣质苗。

再次,观察蟹的摄食情况,蟹苗胃里有饵,蟹苗池边无残饵杂质和死苗等都是质量好的蟹苗。

(3)称重计数法 将准备出池的蟹苗用长柄捞网或三角抄网随意捞取一部分,沥干水分用天平称取 1～2 克,逐只过数。折算后规格达到 12 万～16 万只/千克,说明蟹苗质量较好;如果苗龄过短,个体过小,超过 18 万只/千克,则说明蟹苗太嫩,不能出池。这里有个换算小技巧,以重量推算:淡化 2～3 天,规格为 20 万只/千克;淡化 4～5 天,规格为 16 万只/千克;淡化 6～8 天,规格为 12 万只/千克。

(4)体表观察法 体格健壮的蟹苗,一般规格比较整齐,体表呈黄褐色、晶莹透亮,黑色素均匀分布,游泳活跃,爬行敏捷。检查时,进行目测的标准是:用手抓一把已沥去水分的大眼幼体,轻轻一握,甩一下,轻握有弹性感、沙粒感和重感;放在耳边,可听见明显的沙沙声;然后松开手将其撒于苗箱中,观察蟹苗活动情况,如立即四处逃走,爬行十分敏捷,无结团和互相牵扯现象,说明蟹苗质量较好,放养成活率较高。否则,为劣质苗。

另外,还有一种鉴别方法,就是将捏成团的蟹苗放回水中,马上分散游开而不结团沉底;连苗带水放在手心,若蟹苗能带水爬行而不跌落,即是质量好的蟹苗。

(5)室内干法或湿法模拟实验 干法模拟实验是将池内的蟹苗称取 1～2 克,用湿纱布包起来或撒在盛有潮湿棕榈片的玻璃容器内,放在室内阴凉处,经 12～15 小时后检查,若 80% 以上的蟹苗都很活跃,爬行迅速,说明蟹苗质量较好,可以运输;湿法模拟实验是将蟹苗称取 1~2 克放在小面盆或小桶内,加少量水,观察10~15 小时,若成活率在 80%~85%或以上,说明蟹苗质量较好。

194. 不宜购买的蟹苗有哪几种?

(1)非本地水域的蟹苗 例如,在长江水域进行河蟹养殖的就不要选购非长江水系的蟹苗种。这是因为辽蟹、浙蟹、闽蟹苗种如果移到长江水系中养殖,其生长缓慢、早熟现象明显,个体偏小、死亡率高、回捕率低,它们只能适合在辽河水系、瓯江水系生长。这类苗种形体近似方圆,背甲呈灰黄色,腹部呈灰黄色且有黄铜水锈色,额齿较小且钝。

(2)药害苗 药害苗就是指育苗场反复使用土霉素等抗菌药物而育成的蟹苗,蟹苗受到药害后,会造成蟹苗蜕壳变态为仔蟹后,身体无法吸收钙质,导致甲壳无法变硬,常游至池边大批死亡。

(3)正处于蜕壳期的苗种 由于出售不及时,育苗池中的蟹苗会有部分蜕壳变态为Ⅰ期仔蟹或正在蜕壳,这种蟹苗不能购买,否则在运输时蟹苗会大量死亡。

(4)花色苗 蟹苗体色有深有浅、个体太小或个体有大有小。这种蟹苗,如果是天然苗,可能混杂了其他种类的蟹苗。如果是人工繁殖苗,则说明蟹苗发育不整齐,在蜕壳时极易自相残杀。

(5)海水苗 这种海水苗是指未经完全淡化的蟹苗或蟹苗淡化不彻底,它们对海水的盐度有很大的依赖性,如将它们直接移入淡水中培育,无论是天然苗还是人工苗都会昏迷致死。判断方法如下:未淡化好的蟹苗杂质多,死苗也较多;颜色不呈棕褐色,夹有白色;用手指捏住蟹苗 3~5 秒钟放下后,蟹苗活动不够自如,爬行无力或出现"假死"。

(6)经过长时间保苗的蟹苗 一些育苗单位因蟹苗育成后没

能及时找到买主,故选择在较低温度的育苗池中保苗,然后再寻找机会出售。由于保苗时间过长,大量细菌和原生动物进入蟹苗体内,这种蟹苗一旦进入较高温度的培育池中,会很快蜕壳,大部分外壳虽蜕下但旧鳃丝不能完全蜕下,蟹在水中无法呼吸氧气而上岸,直至干死。

(7)嫩苗 嫩苗就是比较娇嫩的蟹苗,造成嫩苗的原因有两种,一是淡化没有到位就急忙出售;二是河蟹本身体质差,比较娇嫩。肉眼可以看到蟹苗身体呈半透明状,头胸甲中部具黑线。这种蟹苗日龄低,甲壳软,经不起操作和运输。

(8)高温苗 这种高温是人为造成的,就是一些生产场家为了抢占市场或降低培育成本,在人工育苗时,采用升高水温的办法来加速蟹苗变态发育,故意缩短育苗周期。这种通过升温育成的蟹苗,对低温适应能力很差,到仔蟹培育阶段成活率很低。

(9)不健康的蟹苗 这种不健康的蟹苗也可通过肉眼直接观察,一是仔细观察苗池中死苗数量的多少,如池中死苗多,则存活下来的也基本上是病苗;二是体表和附肢上可见聚缩虫或生有异物的蟹苗,也是不健康的蟹苗;三是壳体呈半透明、泛白的"嫩苗"或深黑色的"老苗"。这三种苗都是典型的不健康苗,在选购时要放弃。

195. 大眼幼体的运输方法有哪几种?

大眼幼体的运输是发展河蟹增养殖生产的重要一环,运输存活率的高低直接影响着增养殖的产量和效益。蟹苗的运输方法主要有两种,一种是蟹苗箱干法运输,另一种是尼龙袋充氧水运。这两种方法各有特点,适应不同需要。大眼幼体阶段鳃部已发育完善,具备离水后用鳃呼吸的能力。实践证明,只要使用得当,运输的存活率均可达 80% 以上。目前使用最多的运输方法是蟹苗箱干法运输。

196. 如何准备装运蟹苗的工具？

目前,大部分运输蟹苗采用干法运输,装运蟹苗的工具是一种特别的蟹苗运输箱。箱体为长方体,常见规格为 60 厘米×40 厘米×20 厘米,箱两长边各开一个长方形的气窗,规格为 40 厘米×10 厘米,两短边气窗的规格为 20 厘米×10 厘米,气窗用塑料纱窗或聚乙烯丝织网蒙好,网目为 1 毫米左右,以不漏出蟹苗和能通畅的交换气体为宜。箱底用 16 目筛绢固定镶嵌而成,成套的蟹苗箱上、下层之间应层层扣住,最上面一层应封好,不能让蟹苗逃跑。箱框用木料制成,以杉木为最好,因其质量轻且易吸水,能使箱体保持潮湿且便于搬运(图 10)。

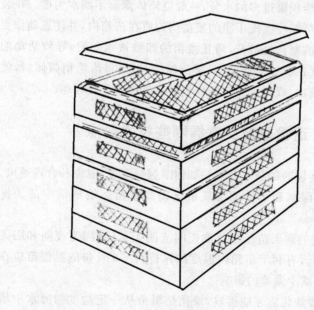

图 10　蟹苗箱

197. 蟹苗如何装箱?

装蟹苗数量应根据气温高低、运输距离远近、蟹苗体质好坏等因素而定。蟹苗健壮,气温在 14℃～18℃ 时,每箱装苗 0.75～1.25 千克。运输距离远、气温高时,可适当少装。

运输前先将箱框在水中浸泡一夜,让箱体保持潮湿状态,以利于提高运输时的成活率。具体装箱方法是:先在箱底铺设一层嫩水花生枝叶或聚草、棕榈皮、丝瓜瓤等,这样既增加了箱内的湿度,又增加了蟹苗的活动空间,可防止蟹苗在运输途中堆积在一起而窒息死亡。应注意两点:一是棕榈皮、丝瓜瓤应尽量不用,必须用时要先用沸水浸泡或蒸煮消毒;二是水草等铺设物浸水后,应用力抖一下,不能积聚过多的水分,一般以箱体潮湿不滴水为度。在装箱时,应尽可能将漂洗干净的蟹苗均匀放在苗箱内,并注意动作要轻,将堆积的蟹苗松散开,防止蟹苗的四肢被水黏附,导致活动能力下降而死亡。如水分太多,蟹苗黏结时,可将苗箱稍微倾斜,使多余积水流出,或用手指轻轻地把蟹苗挑松后叠装起运。

198. 运输蟹苗要掌握哪些技术要点?

蟹苗运输时的技术要点是如何掌握好湿度、温度和合理通风。低温、保持湿润和足够的溶氧量是提高蟹苗运输成活率的关键技术。

5 月份的露天苗尽量争取夜间或阴天运输,因为夜间和阴天气温比较低,有利于苗箱内温度的保持;2～3 月份的温棚苗应在早晨起运,减少温差的影响。

蟹苗要淡化后才能运输,淡化是蟹苗从一定盐度的海水中培育出来后,进入淡水前必须经过的程序。若蟹苗不经淡化直接放入淡水水域中,半小时后即麻醉昏迷,继之死亡。一般淡化 4~5 天后方可运输,淡化要逐日按梯度进行,运输时的淡化浓度不能高于 8‰,一般以 2‰~3‰为最佳。

运输时间最好不要超过 40 小时。蟹苗从溞状幼体发育到大眼幼体阶段,具有较强的调节渗透压的能力,能适应淡水生活,有很强的趋光性,能用大螯捕捉食物,并有攀附能力,能适应 24 小时的潮湿运输。试验证明,蟹苗离水 24 小时存活率可达 90％以上,离水 36~48 小时仍有 60％~80％存活,但 48 小时后存活率降至 50％以下。因此,在蟹苗长途运输时,时间越短越好,尽量减少时间的延误。

白天运输时应避免阳光直射,可在成套的蟹苗箱处再盖上一层窗纱。

若运输时间在 24 小时之内,每箱可装 1~1.25 千克,苗箱内水草厚度为 5 厘米,蟹苗厚度在 3 厘米左右;若运输时间在 36 小时以内,每箱可装 0.75~1 千克,水草厚度可达 8 厘米,蟹苗厚度在 1~1.5 厘米。

蟹苗装入苗箱时,必须防止蟹苗四肢黏附较多的水分。蟹苗箱的水草水分也不宜太多,因为在装运时如果水分过多,苗层通透性不良,底层蟹苗支撑力减弱,易导致缺氧窒息而死。

运输时尽量避免凉风直吹蟹苗,尽量防止蟹苗鳃部水分蒸发干燥。

采用汽车等工具运输蟹苗时,车顶及四周要遮盖,注意在保持温度的前提下,防风、防晒、防雨淋、防高温、防尘埃以及防止强烈震动。

保持运输箱内湿润,不能干枯。经过一段运输后,可以用喷雾器定时喷水,以保持蟹苗湿润,但不宜喷水过多,否则易使蟹苗四肢黏附水滴,使蟹苗丧失支撑力而死亡。

综上所述,笔者认为,应计算好运输的路线及时间,尽量保证蟹苗到达培育池的时间在上午 9:30～10:30,效果极好。在装运过程中,车厢内的温度应始终保持在 16℃～18℃。

199. 如何用尼龙袋充氧运输蟹苗?

与运输鱼苗一样,可以使用双层塑料袋,容积为 50 升左右,每袋装水 30 升,可以放蟹苗 120～150 克(每升水放 700～800 只蟹苗),充氧气 10～12 升,经过扎口、装箱处理后,可以直接运输,成活率可达 90%以上,本方法适合空运。

蟹苗是活的,运输打包过程中稍有疏忽,将会导致损失惨重,所以任何细节都不可忽视。

首先,在装水前要仔细检查塑料袋是否漏气。用嘴向塑料袋内吹气,然后迅速用手捏紧袋口,用另一手向袋加压,看鼓起的袋有无瘪掉,听听有无漏气的声音,这样就不难判断塑料袋是否漏气了。

其次,要科学充氧。一般以袋表面饱满有弹性为度,不能过于膨胀,以免温度升高或剧烈震动时破裂,特别是进行空运时,充气更不宜多,以防高空气压低而引起破裂。

最后,就是袋口要扎牢扎紧,防止漏气。当氧气充足后,先要把里面的塑料袋距袋口 10 厘米左右处紧紧扭转一下,并用橡皮筋或塑料绳在扭转处扎紧,然后再把扭转处以上 10 厘米那一段的中间部分再扭转几下折回,再用橡皮筋或塑料绳将口扎紧。最后,再把外面一只塑料袋口用同样的方法分 2 次扎紧,切不可把两个袋口扎在一起。否则容易扎不紧而漏水、漏气。

200. 蟹苗培育前如何进行水体培肥与水质检测?

在大眼幼体入池前 15 天,将培育池进行清整,塑料薄膜压牢,四周堤埂夯实,最好用木棒上缠绕草绳索进行鞭打,以防留孔漏苗。清理池内过多的淤泥,并铺设一薄层细黄沙,适时栽植水草,行距、株距应适宜,水草面积占池内总面积的30%～40%。注水时用60目筛绢过滤,注水5～10厘米深,带水消毒。按每平方米用0.15千克生石灰的量计算,将生石灰均匀泼洒在池内,趁热将石灰浆水泼洒于池堤四周。1天后,继续注水至50厘米深,每平方米投放0.2千克的熟牛粪或0.15千克的发酵鸡粪,以培肥水质。为加强效果,可同时施用尿素0.15～0.2千克,用来培肥水质。几天后,水体中的浮游生物量即可达最高峰,此时下苗,可以提供部分大眼幼体喜食的活饵料,有利于大眼幼体的顺利变态。

在计划放苗的前一天,对水质进行余毒检测,以确定水中生石灰的毒性是否消失。原则上是用蟹苗试毒,实际生产中常用小野杂鱼如麦穗鱼、幼虾(青虾)等代替蟹苗,放于网袋里置于水中,12小时后取样检查,若发现野杂鱼等未死亡且活动良好,说明水质较好,可以放苗。

201. 大眼幼体变态成 I 期幼蟹时如何做好管理工作?

大眼幼体入池时需保持水深40厘米左右,为了防止外界水温的变化、惊动及骚扰,蟹苗入池后5天内(即蟹苗变态成第 I 期幼蟹时)不能换冲水,水温保持在20℃以上,不能低于17℃,否则极易造成蜕壳不遂,导致蟹苗死亡。

在这段时间内,投喂应以先期培育的浮游生物为主,水色较淡,可投喂冰冻丰年虫。具体投喂方法为:刚入池后的3小时内,最好不要立即投喂,一般在10小时左右投喂第一次,以蟹苗总重量的20%投喂冰冻丰年虫;6小时后,再投喂蟹苗总量15%的冰冻丰年虫,并增加投喂蟹苗总量5%的野杂鱼糜和豆浆、蛋黄混合饵料;再过 2 天后可将冰冻丰年虫投喂总量由 15％降至 12％,同时增加野杂鱼糜及蛋黄豆浆混合饵料,以后逐渐增加鱼糜的数量,Ⅰ期后可完全投喂自配的野杂鱼糜及蛋黄、豆浆混合饵料。这 5 天时间内,每天投喂 4～6 次,每次投喂量占蟹苗总重量的 18％～20％,野杂鱼以麦穗鱼、野生小鲫鱼等为最佳,与泡软后的黄豆一起磨碎后用 60 日筛绢过滤,加水稀释成匀浆全池泼洒。鲜鱼、蛋黄与黄豆的比例为 2∶1∶1。大眼幼体入池后 1 小时左右,大多沿着池壁呈顺时针或逆时针方向游动,少数栖息于水草上,此时投喂应重点将饵料兑水均匀泼洒于蟹苗游动路线上,将少数饵料洒于水草上,一般 1～2 天后,这种游圈现象会自动停止,蟹苗陆续爬到水草上或水草底部蜕皮变态成Ⅰ期幼蟹。

在蟹苗蜕皮变态进入高峰期时,不能随意惊动,也不要随意捞苗检测,确保水温的恒定。

变态后身体由大眼幼体时的龙虾形变为蟹形,游泳能力减退,攀爬能力显著增强,体重也增加 1 倍;具有明显的趋光性,因此在夜间除了检查、投喂外,尽量不要开灯,否则幼蟹会群聚于灯光处;无特殊情况,增氧机不能停机。

202. 从Ⅰ期幼蟹蜕壳成Ⅱ期幼蟹时如何做好管理工作?

体形更像成蟹,体色由淡黄色转变为棕黄色,爬行能力增强,具有较强的逃逸能力,整个养殖期为 5～7 天。

投喂主要以鲜鱼为主,鱼糜、蛋黄、黄豆的比例为 3∶1∶1,每次投喂量占蟹体总重量的 15％为宜。每天投喂 3～5 次,由于幼蟹具有夜间摄食习性,因此投喂时间、投喂量重点在下午 5～9 时,此时投喂量占全天投喂总量的 60％,在蜕壳前 3 天,每天在饵料里添加微量蟹蜕壳素,并用 0.03 千克/米² 的生石灰化水全池均匀泼洒。尽量开动增氧设备,每隔 2 天换水 1 次,均在中午进行,每次加水 3～5 厘米深,换水时间不宜超过 1 小时,换水后池内温差应控制在 3℃以下。

203. 从 Ⅱ 期幼蟹蜕壳成 Ⅲ 期幼蟹时如何做好管理工作?

此时幼蟹体型进一步增大,体重相应增加,在 Ⅲ 期中后期可以出售,此时规格在 8 000～10 000 只/千克,也可以进一步培育成 Ⅳ～Ⅵ 期幼蟹。

日常管理重点是水质管理和投喂。投喂仍然以动物性饵料为主,适当增加豆浆的投入量,减少蛋黄量,鲜鱼、蛋黄、豆浆的比例为 4∶1∶1.5,投喂时间及投喂重点同 Ⅱ 期幼蟹一样,投喂量减少15％,在蜕壳前 3 天,仍用 0.03 千克/米^2 生石灰水泼洒,添加适量钙片和蟹蜕壳素。增氧设施在中午可以停机数小时,结合换水,充分发挥微喷设施的增氧、调温等作用。每次换水时,先抽出 5～10 厘米的水,再加入 5～10 厘米的水,保持水位在 80 厘米左右。此时由于幼蟹生长较快,蜕壳频繁,摄食旺盛,因此对水质要求较严,透明度保持在 35 厘米左右,pH 为 7.2～7.8,溶氧量在 5 毫克/升以上。

204. Ⅲ 期仔蟹培育成 Ⅳ 期幼蟹时如何做好管理工作?

进入 Ⅲ 期的幼蟹,由于气温迅速回升,水体增温保温性能大大加强,前期投入的饵料部分未吃完,下沉池底后积累和分解,若此时管理不善,极易造成水质恶化,致使幼蟹缺氧死亡。另一方面,经过几次蜕壳后的幼蟹,体型变大,体重增加了几倍,摄食量大增,此时应严格控制投喂次数,保证少次足量的投喂习惯,密切观察幼蟹摄食情况决定饵料投喂量的增减,降低残饵对水质的影响。

进入Ⅲ期和Ⅳ期的幼蟹,每日投喂 3～4 次。饵料主要为野杂鱼和豆浆,野杂鱼的投喂量约为豆浆的 2 倍。由于此时幼蟹喜在水草上和浅水区活动,所以投喂时在浅水区处均匀泼洒效果较好。幼蟹夜里摄食强度大,因而夜间投喂量要占全天投喂量的 60%～70%。幼蟹具有较强的攀爬逃逸能力,特别是在阴雨天、天气异常闷热、水质恶化、水中溶氧量较低的时候,幼蟹最易逃逸。因而进入Ⅲ期后,需加倍注意并每日检查防逃措施的可靠性,加强值班管理。

除了投喂与防逃外,水体的交换要及时进行,每天换水量加大,先抽出 1/4 左右的水,再加入 1/4 左右的水,最好通过微喷设备进水且用 80 目筛绢过滤。在蜕壳高峰期的前 3 天,仍用生石灰化水均匀泼洒,并在饵料中投喂适量的蜕壳素,以促进幼蟹蜕壳。

205. 从Ⅳ期幼蟹培育成Ⅴ期至Ⅵ期幼蟹时如何做好管理工作?

在进入Ⅴ期时,培育池内也有少部分幼蟹进入Ⅵ期、Ⅶ期,当然也存在一部分Ⅳ期甚至Ⅲ期幼蟹。在这一过程中,仔幼蟹的体长、体重都有显著增长,水体的负载进一步加大,投喂量进一步增加,水质恶化的可能性也加大。可选择晴好天气在中午 11 时至下午 1 时适当分苗、直接起捕下塘或出售,减轻培育池内的负载量。

本期的日常管理重点是水质的控制和投喂,换水应坚持每日进行,每日换水量为池水量的 1/3,加大豆浆的投放比例,因为豆浆具有澄清水体的作用,可以缓冲水体水质恶化的压力。野杂鱼与豆浆比例为 1∶1,每日投喂 2～3 次。除蜕壳前 3 天泼洒一次生石灰水外,中途也可全池泼洒生石灰,以杀灭水中部分病菌并改善水质,同时增加水中钙离子的含量,促进蜕壳。由于水温高而且持续时间长,部分育苗户的池内有大量青苔滋生,青苔不仅吸收水体中的营养,更重要的是它会缠绕幼蟹,使幼蟹无法活动而造成死亡,因此除去青苔是很必要的。千万不能在池内用高浓度硫酸铜杀灭青苔,因为幼蟹对铜离子的安全浓度较低,不少育苗户用0.7~1毫克/升的硫酸铜杀灭青苔,结果幼蟹全部死亡,故此时主要靠人工捞取法除去青苔,并结合更换水草彻底除去青苔。由于育苗后期聚草、芜萍等水草在高温作用下枝叶易腐烂,影响水质,需及时捞出,重新放置新鲜水草。在换入新鲜水草时,应将水草用硫酸铜溶液彻底消毒,以杀灭青苔。用硫酸铜溶液浸泡过的水草需用清水漂洗后方可入池,因为铜离子对幼蟹毒性较大,若处理不当,易造成蟹苗死亡;也可以用草木灰焐水草以杀灭青苔。

现在市场上已经有仔幼蟹培育专用饵料,这种饵料具有用量少、蛋白质含量高、对水质净化作用好且仔幼蟹摄食后不易患病的优点,因此刚一问世便广受欢迎。

206. 幼蟹如何捕捞出池?

在Ⅲ~Ⅳ期幼蟹蜕壳高峰期后3天,可以起捕幼蟹出池,随时供应给客户。捕捉前先将池水抽去一半,拔出池内水草,另外放入水花生,将水花生捆扎成直径约30厘米、长约50厘米的草把,每池投入20~40个。捕捞时宜选择晴好天气的上午或傍晚进行,捕捞前2小时不可投喂饵料。在捕捞时,用长柄捞海贴近水花生底部,用手将水花生抖一下即可,幼蟹即可全部进入捞海内,再将水花生放入蟹池中进行诱捕。如此反复3~4次,即可将培育池内的幼蟹捕出90%~95%,剩下的幼蟹需干池捕捉,放干或抽干池水,幼蟹会顺着水流方向汇集在一端,可徒手捕捉,如此反复3次,即可捕捞干净。

也有的养殖户,在幼蟹进入 V～Ⅵ 期时蜕壳后 3～4 天,用地笼捕捉,因为此时幼蟹个体较大,水温渐渐升高,幼蟹的活动能力和主动摄食能力大大增强,改用地笼捕捉也可以收到较好的效果;也有的养殖户用集蟹箱收集。无论采用哪种方式进行捕捉,都必须注意以下几点:一是须将池水抽去 1/2～2/3,使幼蟹尽可能集中;二是更换水草时,需去除水草根须部分,在生产实践中发现,不少幼蟹隐藏在残留的水草根须中难以捕捞;三是在捕捞过程中,最好保持池中微流水的状态;四是最后都要干池捕捉,但应尽可能减少干池捕捉的幼蟹比例,以减少人为损伤和机械损伤。

207. 捕捞后的幼蟹如何暂养?

捕捞出的幼蟹,可放入网箱中暂养 1～2 小时。网箱大小视幼蟹数目而定,箱顶反向延伸 50 厘米的塑料薄膜以防幼蟹逃逸,箱内放入一些水花生以供幼蟹栖息。在干池捕捉时,速度要快,动作要轻,否则幼蟹会因鳃部呛入污水造成呼吸困难而死亡,捕捉后的幼蟹立即放入清水中暂养在网箱内,若是保持微流水则更佳。

208. 幼蟹如何运输?

幼蟹起捕出池后,经 2 小时暂养后即可运输。幼蟹离水后的生命力远比蟹苗强,运输幼蟹比蟹苗方便。但幼蟹的活动能力很强,爬行迅速,装运时应做到动作轻快,严禁倾倒,以免蟹体受伤或断足。运输时应注意以下几点。

一是尽快运输,减少中途周转环节,一般用汽车运载为多。在运输时可用专用的小网兜来装幼蟹,每兜可装 5 千克左右。然后将这些网兜装在蟹苗箱或小竹篓中运输,每篓装 15～20 千克。也可以用草包盛蟹,外套塑料编织袋,外用四角竹撑的筏篓套装,以增加叠装时的抗压强度，每篓装蟹种 200 千克，加木板盖，叠装不超过 4 层，上下左右靠紧，汽车运输时用大油布覆盖包扎。

二是防止逃逸，无论采用何种容器贮存，均应用网罩或绳索扎好袋口，以不逃幼蟹为准。

三是保持蟹体潮湿，这是延长幼蟹生命活动的关键。在存放幼蟹的工具下面，放一层 1～2 厘米厚的无毒塑料泡沫，吸上部分水，幼蟹放进后，每隔 4 小时喷洒一次清水，防止干放时间过长，造成胃囊和鳃失水过多而死亡。简便的方法是在装运幼蟹的工具里面铺设一层水花生，幼蟹放进后会迅速钻入水花生中，保持身体的湿润。

四是在运输前，将幼蟹放在清水里漂洗一下，不要投喂饵料，以减少运输途中的死亡率。尽量减少幼蟹的活动量，以降低其能量消耗，可在装蟹的工具上面盖上潮湿的草包，且要保持环境黑暗。

五是幼蟹存放时不能挤压。幼蟹数量较多时，可分散装在预先准备好的运载工具内，不能堆积重压，防止幼蟹受伤或步足折断，从而影响成活率。

六是进入 V～Ⅵ 期的幼蟹起捕时，气温已经回升，幼蟹活动量大增，代谢能力增强，若起捕后不能立即运输，应用 40 目双层筛绢结成的网袋装好暂养，运输时再取出，这样可以保持幼蟹的新鲜活跃和水分充足。

七是最好在傍晚 5 时至早上 8 时这段时间内运输，运输时最好有湿润的外部环境和微风增氧条件，这样可以避免白天日光直射，使幼蟹鳃部水分被蒸发而死亡。

八、河蟹的饵料与投喂

209. 河蟹的食性有哪些特点？

　　河蟹只有通过从外界摄取食物，才能满足其生长发育、栖居活动、繁衍后代等生命活动所需要的营养和能量。河蟹在食性上具有广谱性、互残性、暴食性、耐饥性和阶段性。

　　河蟹为杂食性动物，但偏爱动物性饵料，如小鱼、小虾、螺蚬类、蚌、蚯蚓、蠕虫和水生昆虫等。植物性饵料有浮萍、丝状藻类、苦草、金鱼藻、菹草、马来眼子菜、轮叶黑藻、水葫芦、水花生、南瓜等；精饵料有豆饼、菜饼、小麦、稻谷、玉米等。在饵料不足或养殖密度较大的情况下，河蟹会发生自相残杀、弱肉强食的现象，体弱或刚蜕壳的软壳蟹往往成为同类攻击的对象。因此，在人工养殖时，除了保持合理的养殖密度和投喂充足适口的饵料外，设置隐蔽场所和栽种水草往往成为养殖成败的关键。在天然水体中，特别是草型湖泊中，由于植物性饵料来源易得方便，因此河蟹胃中一般以植物性饵料为主，如轮叶黑藻、苦草等水生植物。

　　在摄食方式上，河蟹不同于鱼类，常见的养殖鱼类多为吞食与滤食，而河蟹则为咀嚼式摄食，这种摄食方式是由河蟹独特的口器所决定的。

　　河蟹的食性是不断转化的，在溞状幼体早期，以浮游植物为主要饵料，而后转变为以浮游动物为主。到了大眼幼体（蟹苗）以后，才逐渐转为杂食性。进入幼蟹期后，河蟹则以杂食性偏动物性饵料为主。

210. 养殖河蟹可使用哪些饵料？

根据目前现状,决定河蟹养殖效益的主要因素是苗种和饵料的供应。河蟹生长发育所需的营养物质来源于天然鲜活饵料和人工配合饵料。在小规模养殖可以采用天然鲜活饵料,以降低养殖成本。河蟹喜食鱼、虾、蚕蛹、田螺肉、动物内脏、屠宰下脚料及蔬菜叶、豆类、麦类、南瓜等。在规模化或集约化养殖中大都采用人工配合饵料,或者以人工配合饵料为主,天然饵料为辅。

211. 河蟹的食量大吗？

河蟹的食量很大且贪食。据观察,在夏季的夜晚,1只河蟹一夜可捕捉近10只螺蚌。当然它也十分耐饥饿,在食物缺乏时,一般7～10天或更久不摄食也不至于饿死,河蟹的这种耐饥性为河蟹的长途运输提供了方便。

212. 河蟹为什么会抢食？

河蟹不仅贪食,而且还有抢食和格斗的天性。通常在以下4种情况时更易发生。一是在人工养殖条件下,养殖密度大,河蟹为了争夺空间、饵料,而不断地发生争食和格斗,甚至出现自相残杀的现象;二是在投喂动物性饵料时,由于投喂量不足,导致河蟹为了争食美味可口的食物而互相格斗;三是在交配产卵季节,几只雄蟹为了争夺一只雌蟹的交配权而格斗,直至最强的雄蟹夺得雌蟹为止,这种行为是动物界为了种族繁衍而进行的优胜劣汰,是有积极意义的;四是在食物十分缺乏时,抱卵蟹常取其自身腹部的卵块来充饥。

213. 河蟹的摄食强度与水温有关系吗？

河蟹的摄食强度与水温有很大关系，当水温在 10℃ 以上时，河蟹摄食旺盛；当水温低于 10℃ 时，摄食能力明显下降；当水温进一步下降至 3℃ 时，河蟹的新陈代谢水平较低，几乎不摄食，一般会潜入洞穴中或水草丛中冬眠。

214. 河蟹的营养需求有哪些特点？

（1）河蟹对蛋白质的需求 研究表明，河蟹在不同的生长阶段对蛋白质的需求量是不同的。在溞状幼体阶段，要求饵料蛋白质的含量在 45%～48%；在大眼幼体至Ⅲ期幼蟹期间，饵料蛋白质含量为 45% 时，幼体蜕壳时间短，变态整齐，成活率高达 86%；在幼蟹个体为 0.1～10 克时，饵料的最佳蛋白质含量为 42%；而成蟹的饵料蛋白质含量为 35%～40%。因此，河蟹对蛋白质的营养需求还是比较高的，在饲养前期要求含量达到 42%，养殖中后期达到 36% 就可以了。

（2）河蟹对氨基酸的需求 河蟹的生长发育离不开 10 种必需氨基酸，而且这些氨基酸都是从饵料中获取的，这些氨基酸包括苏氨酸、缬氨酸、亮氨酸、异亮氨酸、色氨酸、蛋氨酸、苯丙氨酸、组氨酸、赖氨酸和精氨酸等。具体的需要量也与河蟹的生长发育阶段密切相关。

（3）河蟹对脂肪的需求 在配合饵料中，脂肪的适宜含量为 6% 左右，对河蟹的生长发育最好。

（4）河蟹对碳水化合物的需求 在河蟹的溞状幼体阶段，糖是影响河蟹幼体成活率的主要因素，适宜的含量应达到 10% 以上。而在成体的养殖过程中，含量以 7% 左右比较适宜，这将有助于河蟹的胃肠蠕动以及对蛋白质等营养物质的消化吸收。

(5)河蟹对矿物质的需求　河蟹对矿物质的需求方面主要考虑钙和磷的含量,在幼蟹个体为 0.1～10 克时,饵料中矿物质含量达到 12% 时,成活率和蜕皮效率最高。另外,由于水体中含有一定量的钙和磷,河蟹可以从水体中吸收到一部分,因此只要在养殖过程中适时泼洒生石灰和定期施磷肥,基本上就能满足河蟹的生长需求。

215. 如何利用屠宰下脚料来投喂河蟹?

可利用肉类加工厂的猪、牛、羊、鸡、鸭等动物内脏以及罐头食品厂的废弃下脚料,清洗干净后切碎或绞烂煮熟投喂河蟹。沿海及内陆渔区可以利用水产加工企业的废弃鱼虾和鱼内脏,渔场还可以利用池塘泛塘时产生的没有食用价值的死鱼作饵料。数量较多时,还可以用淡干或盐干的方法加工贮藏,以备使用。

216. 如何捕捞野生鱼虾来投喂河蟹?

如条件允许,可以在池塘、河沟、水库、湖泊等水域人工捕捞小鱼虾、螺、蚌、贝、蚬等作为河蟹的优质天然饵料。这类饵料来源广泛,饲喂效果好,但是劳动强度大。

217. 如何利用黑光灯诱虫来饲喂河蟹?

夏、秋季节在蟹池水面上 20～30 厘米处吊挂 40 瓦的黑光灯一盏,可引诱大量的飞蛾、蚱蜢、蝼蛄等敌害昆虫入水供河蟹食用,既可以为农作物消灭害虫,又能提供大量的活饵,根据试验,每盏灯每夜可诱虫 3～5 千克。为了增加诱虫效果,可采用双层黑光灯管的放置方法,每层灯管间隔 30～50 厘米。特别应注意的是,利用这种饵料源,必须定期给河蟹服用抗菌药物,以提高抗病力。

218. 如何收购野杂鱼虾、螺、蚌等来饲喂河蟹?

在靠近小溪、小河、塘坝、水库、湖泊等的地区,可通过收购当地渔农捕捞的野杂鱼虾、螺、蚬、贝、蚌等为河蟹提供天然饵料,在投喂前要进行清洗消毒处理,可用 3％～5％ 食盐水清洗浸泡 10～15 分钟或用其他药物如高锰酸钾杀菌消毒,螺、贝、蚬、蚌最好敲碎或切割为小块后再投喂。

219. 可以种植瓜菜来饲喂河蟹吗?

由于河蟹是杂食性的,因此可利用零星土地种植蔬菜、南瓜、豆类等,作为河蟹的辅助饵料,这是解决饵料来源的一条重要途径。

220. 如何充分利用水体资源来养殖河蟹?

(1) 养护好水草 要充分利用水体里的水草资源,在蟹池中移栽水草,覆盖率在 40％ 以上,主要品种有伊乐藻等。水草既是河蟹喜食的植物性饵料,又有利于小杂鱼、虾、螺、蚬等天然饵料生物的生长繁殖。蟹池水草以沉水植物为主,漂浮植物、挺水植物为辅。

(2) 投放螺蛳 要充分利用水体里的螺蛳资源,并尽可能引进外源性的螺蛳,让其自然繁殖,供河蟹自由摄食。

221. 如何充分利用配合饵料来投喂河蟹?

饵料是决定河蟹生长速度和产量的物质基础,任何一种单一饵料都无法满足河蟹的营养需求。因此,在积极开辟和利用天然饵料的同时,也要投喂人工配合饵料,这样既能保证河蟹的生长速度,又能节约饲养成本。

根据河蟹不同生长发育阶段对各种营养物质的需求,将多种原料按一定比例配合、经科学加工而成的饵料,称为配合饵料,又称为颗粒饵料,包括软颗粒饵料、硬颗粒饵料和膨化饵料等。其具有动物性蛋白质和植物性蛋白质配比合理、能量与蛋白质比例适宜、具备营养物质较全面等优点,同时在配制过程中,适当添加了河蟹需要的维生素和矿物质,可使各种营养成分发挥最大的经济效益,并获得最佳的饲养效果。

222. 养殖河蟹时使用配合饵料有哪些优点?

在养殖河蟹的过程中,使用配合饵料具有以下几方面优点。

(1)营养价值高,适用于集约化生产 河蟹的配合饵料是运用现代水生动物生理学、生物化学和营养学最新研究成果,根据分析河蟹在不同生长阶段的营养需求后,经过科学配方与加工配制而成,因此大大提高了饵料中各种营养成分的利用率,使营养更加全面、平衡,生物学价值更高。它不仅能满足河蟹生长发育的需要,而且能提高各种单一饵料养分的实际效能和蛋白质的生理价值,起到取长补短的作用,是河蟹集约化生产的保障。

(2)充分利用饵料资源 通过配合饵料的制作,将一些原来河蟹并不能直接使用的原材料加工成了河蟹的可口饵料,扩大了饵料的来源,它可以充分利用粮、油、酒、药、食品与石油化工等产品的加工副产品作为原料,符合可持续发展的原则。

(3)提高饵料的利用效率 配合饵料是根据河蟹的不同生长阶段、不同规格大小而特制的营养成分不同的饵料,使其最适于河蟹生长发育的需要。另外,配合饵料通过加工制粒过程,由于加热作用使饵料熟化,也提高了饵料蛋白质和淀粉的消化率。

(4)减少水质污染 配合饵料在加工制粒过程中,因为加热糊化效果或是添加了黏合剂的作用促使淀粉糊化,增强了饵料原料之间的相互黏结,加工成不同大小、硬度、密度、浮沉、色彩等完全符合河蟹需要的颗粒饵料。这种饵料一方面具有动物性蛋白质和植物性蛋白质配比合理、能量与蛋白质比例适宜、具备营养物质较全面等优点,同时也大大减少了饵料在水中的溶失以及对水域的污染,降低了池水中的有机物耗氧量,提高了河蟹的放养密度和单位面积的河蟹产量。

(5)减少和预防疾病 各种饵料原料在加工处理过程中,尤其是在加热过程中能破坏某些原料中的抗代谢物质,提高了饵料的使用效率,同时在配制过程中,适当添加了河蟹需要的维生素、矿物质以及预防或治疗特定时期的特定蟹病的药物,通过饵料作为药物的载体,使药物更好、更快地被河蟹摄食,从而更方便有效地预防蟹病。更重要的是,在饵料加工过程中,可以除去原料中的一些毒素,杀灭潜在的病菌和寄生虫及虫卵等,减少了由饵料所引起的多种疾病。

(6)有利于运输和贮存 配合饵料可以利用现代化先进的加工技术进行大批量工业化生产,便于运输和贮存,节省劳动力,提高劳动生产率,降低了河蟹养殖的劳动强度,获得最佳的饲养效果。

223. 河蟹养殖时常用的配合饵料配方有哪些?

饵料配方是生产配合饵料的关键技术之一,更是营养研究及其营养标准的成果体现,既要考虑河蟹的营养需求,又要充分考虑各种原料的营养比例,一定要科学合理,同时也不能忽视对成本的合理核算。在目前配制的河蟹颗粒饵料中,通常动物性饵料占30%~40%,植物性饵料占50%~60%,其他成分占10%左右。

(1)体重在10克以内的幼蟹配合饵料配方

配方1 鱼粉70%,蚕蛹粉5%,啤酒酵母2%,α-淀粉20%,血粉1%,复合维生素1%,矿物盐1%。

配方2 秘鲁鱼粉35%,国产鱼粉10%,酵母粉3%,虾粉11%,豆粕17%,大豆磷脂7%,海藻粉2.5%,小麦精粉5.9%,植物油1.5%,磷酸二氢钙2.7%,乳酸钙0.4%,预混料4%。

配方3 鱼粉45%,蛋黄粉5%,蛤仔粉2%,脱脂奶粉10%,卵磷脂1.5%,酵母粉2%,小麦精粉22.5%,玉米麸质粉5%,乌贼甘油1%,多维和矿物质2%,明胶4%。

配方4 动物性蛋白质饵料37%,饼类41%,糠麸粮食14%,添加剂8%。

(2)体重在10~40克的幼蟹配合饵料配方

配方1 北洋鱼粉70%,α-马铃薯淀粉22%,啤酒酵母3%,复合维生素1%,磷酸二氢钙3%,矿物盐1%。

配方2 秘鲁鱼粉28%,国产鱼粉10%,肉骨粉5%,虾粉4%,豆粕15%,大豆磷脂5%,花生粕6.5%,玉米蛋白粉5.5%,小麦粉8.5%,草粉5%,植物油1%,磷酸二氢钙2.1%,乳酸钙0.4%,预混料4%。

配方3 鱼浆30%,蛋黄15%,豆浆37%,麦粉18%。

配方4 动物性蛋白质饵料38%,饼类40%,糠麸粮食11%,

虾粉 3%,复合添加剂 8%。

(3)体重在 40 克以上的成蟹配合饵料配方

配方 1　鱼粉 25%,豆饼 28%,玉米 19%,4 号麦粉 25%,维生素 1.5%,矿物盐 1.5%。

配方 2　动物性蛋白质饵料 27%,饼类 47%,糠麸粮食 7%,玉米 15%,小麦粉 1.5%,添加剂 2.5%。

配方 3　鱼粉 36%,豆饼 33%,菜籽饼 5%,棉籽饼 4%,玉米 5%,糠麸 10%,复合添加剂 7%。

配方 4　豆饼 22%,玉米 23%,麸皮 27%,小麦粉 10%,蟹壳粉 3.1%,骨粉 10%,海带粉 4.5%,生长素 0.35%,维生素 0.05%。

224. 如何科学地投喂配合饵料?

(1)保证配合饵料大小适口　各类原料经粉碎和匀后,制成合适的形状,根据河蟹不同的生长阶段,加工成大小不一的颗粒饵料,使之具有较强的适口性,有利于河蟹的摄食,这样可减少饵料损失,提高利用率。

(2)根据河蟹生活习性投喂　河蟹有昼伏夜出的生活习性,饵料投喂应以夜间投喂为主,白天投喂为辅。其夜间投喂量为全天饵料量的 70%。

(3)掌握合适的投喂量　要准确估算出池塘里河蟹的产量和摄食状况,根据在不同生长阶段、不同季节、不同水温条件下,河蟹对饵料的摄食情况,掌握合适的投喂量,在实际操作过程中,要科学掌握"四看""四定"投喂技术,利用"试差法"确定每天的投喂量。

(4)改深水区投喂为浅水区投喂　饵料投放在有水草的浅水区,布点要均匀,并坚持"四看""四定"的投喂原则。

(5)投喂方法要得当　投喂河蟹最好用瓦片搭设食台,食台距水面约 0.5 米,每池可设食台 10～15 个。日投喂次数可根据河蟹的摄食节律和季节而定,温度较低时,日投喂 1 次,在大生长期,上午 9 时和下午 5 时各投喂 1 次,以下午投喂为主,占日投喂量的 70%。每天要及时清除残饵,并对食台定期消毒。经常换冲水,确保水体溶氧量丰富,促进河蟹对饲料的摄食,提高饲料的利用率。

225. 成蟹的投喂有哪些特别之处?

(1)改夜间投喂为白天投喂 成蟹开始生殖洄游,夜间上岸爬行,体力消耗过大,易造成洄游蟹营养不足,因此要适当投喂。在投喂方法上,改过去的夜间投喂为白天投喂。

(2)提防营养过剩死亡 特别是成熟的雌蟹,85% 以上的肝脏转化为性腺,肝功能下降,如再大量投喂动物性饲料,一方面肝功能不能适应高蛋白质的营养储存,另一方面促使雄蟹提前在淡水里交配,引起死亡,因此不要投喂动物性饲料,而是采用配合饲料搭配玉米、小麦等粗饲料一起投喂。

226. 鱼蟹混养时的投喂有哪些技巧?

实施鱼蟹混养模式的,应先喂鱼、后喂蟹。鱼饲料投入深水区,蟹饲料投入浅水区,以防鱼、蟹争食,使蟹吃不到饲料,影响河蟹生长。

九、水草栽培技术

227. 水草对河蟹养殖有哪些重要性？

俗话说，"要想养好蟹，应先种好草""蟹大小，多与少，看水草"，由此可见，水草在很大程度上决定着河蟹的规格和产量。这是因为水草不仅是河蟹不可或缺的植物性饵料，并为河蟹的栖息、蜕壳、躲避敌害提供良好的场所，更重要的是水草在调节养殖塘水质，保持水质清新，改善水体溶氧状况上作用重大。然而目前许多养殖户由于水草栽种品种不合理，养殖过程中管理不善等问题，不但没有很好地利用水草优势，反而因为水草存塘量过少、水草腐烂等使得池塘底质、水质恶化，河蟹缺氧上草甚至出现死亡现象。因此，在养蟹过程中栽植水草是一项不可缺少的技术措施。

228. 在蟹池中栽植水草有哪几种方法？

栽植水草可在蟹种放养前进行，也可在养殖过程中随时补栽。无论何种水草都要保证不能覆盖整个池面，至少留有池面的 1/3 作为河蟹自由活动的空间。栽植的水草应随取随栽，绝不能在岸上搁置过久，以免影响成活。可因地制宜地采取下列几种栽植方法，如栽插法、抛入法、播种法、移栽法、培育法等。

229. 如何用栽插法栽培水草?

此种方法适用于带茎水草,一般在河蟹放养之前进行。首先浅灌池水,将伊乐藻、轮叶黑藻、金鱼藻、水花生等带茎水草切成小段,长度为20~25厘米,也可以把切段后的水草用生根剂的稀释液浸泡一下,然后像插秧一样,均匀地插入池底。若池底坚硬,可事先疏松底泥;或池底淤泥较多,可直接栽插。笔者在生产中摸索出一个小技巧,就是可以简化处理,先用刀将带茎水草切成需要的长度,然后均匀地撒在塘中,塘里保留5厘米左右的水位,用脚或用带叉形的棍子将草段踩入或插入泥中即可。

230. 如何用抛入法栽培水草?

适用于菱、睡莲等浮叶植物,先将塘里的水位降至合适的位置,然后将莲、菱、荇菜、莼菜、芡实、苦草等的根部取出,露出叶芽,用软泥将根部包紧后直接抛入池中,使其根茎能生长在底泥中,叶能漂浮于水面即可。

231. 如何用播种法栽培水草?

播种法适用于种子发达的水草,目前最常用于苦草。播种时水位控制在15厘米,先将苦草籽用水浸泡1天,将细小的种子搓出来,然后加入10倍的细沙壤土,与种子拌匀后直接撒播,为了使种子能均匀地撒开,沙壤土要保持略干为好。每667米^{2}水面用苦草种子30~50克。种子播种后要加强管理,使之尽快形成优势种群,提高水草的成活率。

232. 如何用移栽法栽培水草?

适用于茭白、慈姑等挺水植物,先将池塘水位降至适宜水位,将蒲草、芦苇、茭白、慈姑等连根挖起,最好带上部分原池中的泥土,移栽前要去掉伤叶及纤细劣质的秧苗,移栽位置可在池边的浅滩处或者池中的小高地上,要求秧苗根部入水 10～20 厘米深。进水后,整个植株不能长期浸泡在水中,密度为每 667 米² 45 棵左右,否则会大量占用水体,反而造成不良影响。

233. 如何用培育法栽培水草?

适用于青萍、芜萍等浮叶植物,它们的根比较纤细。在池中用竹竿、草绳等隔一角落,也可以用草框将浮叶植物围在一起,进行培育,可根据需要随时捞取。只要水中保持一定的肥度,它们都可生长良好。若水中肥度不大,则可施用有机肥或生化肥,促进其生长发育。

234. 伊乐藻有哪些优缺点?

伊乐藻是从日本引进的一种水草,原产于美洲,是一种优质、速生、高产的沉水植物。伊乐藻的优点是发芽早、长势快,它的叶片较小,不耐高温,只要水面无冰即可栽培,水温在 5℃ 以上即可萌发,10℃ 即开始生长,15℃ 时生长速度快,当水温达 30℃ 以上时,生长明显减弱,藻叶发黄,部分植株顶端会发生枯萎。在寒冷的冬季能以营养体越冬,在早期其他水草还没有开始生长的时候,只有它能够为河蟹生长、栖息、蜕壳和避敌提供理想场所。伊乐藻植株鲜嫩,叶片柔软,适口性好,其营养价值明显高于苦草和轮叶黑藻,是河蟹喜食的优质饵料,非常有利于河蟹的生长。河蟹在水草上部游动时,身体非常干净,符合优质蟹"白肚"的要求。在长江流域通常以 4～5 月份和 10～11 月份生物量达最高。

伊乐藻的缺点是不耐高温,而且生长旺盛。当水温达到 30℃时,基本停止生长,也容易臭水,因此这种水草的覆盖率应控制在 20％以内,养殖户可以把它作为过渡性水草进行种植。

235. 伊乐藻栽培前需要做哪些准备工作?

(1) 池塘清整 排水干池,每 667 米^2 用生石灰 150～200 千克化水趁热全池泼洒,清野除杂,并让池底充分冻晒 15 天,同时做好池塘的修复整理工作。

(2) 注水施肥 栽培前 5～7 天,注水 30 厘米深左右,进水口用 60 目筛绢进行过滤,每 667 米^2 施腐熟粪肥 300～500 千克,既可作为栽培伊乐藻的基肥,又可培肥水质。

236. 伊乐藻何时栽培最好?

根据伊乐藻的生理特征以及生产实践的需要,笔者建议栽培时间宜在每年 11 月份至翌年 1 月中旬,气温在 5℃以上即可生长。如冬季栽插须在成蟹捕捞后进行,抽干池水,让池底充分冻晒一段时间,再用生石灰、茶籽饼等药物消毒后方可进行。如果是在春季栽插,应事先将蟹种用网圈养在池塘一角,待水草长至 15 厘米时再放开,否则栽插成活后的嫩芽会被蟹种吃掉,或被蟹的巨螯掐断,甚至连根拔起。

237. 栽培伊乐藻的方法有哪几种？

(1)沉栽法 每 667 米² 用 15～25 千克伊乐藻种株,将种株切成 20～25 厘米长的段,每 4～5 段为一束,在每束种株的基部包裹有一定黏度的软泥团,撒播于池中,泥团可以带动种株下沉着底,并能很快扎根在泥中。

(2)插栽法 一般在冬、春季进行,每 667 米² 的用量与处理方法同上,把切段后的草茎放在生根剂的稀释液中浸泡一下,然后像插秧一样插栽,一束束地插入池中的淤泥中,栽培时栽得宜少,但距离要拉大,株行距为 1 米×1.5 米。插入泥中 3～5 厘米深,泥上留 15～20 厘米。栽插初期保持水位以插入伊乐藻刚好没头为宜,待水草长满后逐步提高水位。种植时要留 2～3 米的空白带,使蟹池形成"十"字形或"井"字形无草区,作为日后蟹的活动空间,便于鱼、蟹活动,避免水草布满全池,影响水流。如果伊乐藻一把把地种在水里,会导致植株成团生长,由于河蟹喜食伊乐藻的根茎,根茎被蟹钳一夹就会断根漂浮而死亡,故在栽培时要注意防止这种现象的发生。栽插初期池塘保持 30 厘米深的水位,待水草长满全池后逐步加深池水。

(3)踩栽法 伊乐藻生命力较强,在池塘中种株着泥即可成活。每 667 米² 的用量与处理方法同上,把它们均匀撒在塘中,水位保持在 5 厘米深左右,然后用脚轻轻踩一踩,让它们着泥就可以了,10 天后加水。

238. 伊乐藻栽培后如何管理？

(1)水位调节 伊乐藻宜栽种在水位较浅处,栽种后 10 天就能生出新根和嫩芽,3 月底就能形成优势种群。平时可按照逐渐增加水位的方法加深池水,至盛夏水位加至最深。一般情况下,可按照"春浅,夏满,秋适中"的原则调节水位。

(2)投施肥料 在施好基肥的前提下,还应根据池塘的肥力情况适量追施肥料,以保持伊乐藻的生长优势。

(3)控温 伊乐藻耐寒不耐热,高温天气会断根死亡,后期必须控制水温,以免伊乐藻死亡导致大面积水体污染。

(4)控高 伊乐藻有一个特性就是当它一旦露出水面后,就会折断而导致死亡,败坏水质,因此不要让它疯长。方法是在5~6月份不要加水太高,应慢慢将水位控制在60~70厘米深,当7月份水温达到30℃,伊乐藻不再生长时再加水深位至120厘米。

239. 苦草有哪些特性?

苦草又称为扁担草、面条草,是典型的沉水植物。在蟹池中种植苦草有利于观察河蟹摄食饵料,监控水质,是目前我国池塘养蟹最主要的水草资源之一。

苦草高40~80厘米,地下根茎横生。茎方形,被柔毛。叶纸质,卵形,对生,叶片长3~7厘米,宽2~4厘米,先端短尖,基部呈钝锯齿状。苦草喜温暖,耐荫蔽,对土壤要求不严,野生植株多生长在林下山坡、溪旁和沟边。含较多营养成分,具有很强的水质净化能力,在我国广泛分布于河流、湖泊等水域,分布区水深一般不超过2米,在透明度大、淤泥深厚、水流缓慢的水域,苦草生长良好。3~4月份,水温升至15℃以上时,苦草的球茎或种子开始萌芽生长。在水温为18℃~22℃时,经4~5天发芽,约15天出苗率可达98%以上。苦草在水底分布蔓延的速度很快,通常1株苦草1年可形成1~3米² 的群丛。6~7月份是苦草分蘖生长的旺盛期,9月底至10月初达最大生物量,10月中旬以后分蘖逐渐停止,生长进入衰老期。

240. 苦草有哪些优缺点？

苦草的优点是河蟹喜食、耐高温、不臭水；缺点是容易遭到破坏，特别是在河蟹喂食改口的高温季节，如果不注意保护，破坏十分严重。有些以苦草为主的养殖水体，在高温期不到 1 周时间苦草就会全部被蟹夹光，养殖户捞草都来不及。而捞草不及时的水体，会出现水质恶化，有的水体发臭，出现"臭绿莎"，继而引发河蟹大量死亡。

241. 苦草栽培前要做好哪些准备工作？

(1) 池塘清整　排水干池，每 667 米² 用生石灰 150～200 千克化水趁热全池泼洒，清野除杂，并让池底充分冻晒 15 天，同时做好池塘的修复整理工作。

(2) 注水施肥　栽培前 5～7 天，注水 30 厘米左右，进水口用 60 目筛绢进行过滤，每 667 米² 施草皮泥、人畜粪尿与磷肥混合至 1 000～1 500 千克作为基肥，与土壤充分拌匀待播种，既作为栽培苦草的基肥，又可培肥水质。

(3) 草种选择　选用的苦草种应籽粒饱满、光泽度好，呈黑色或黑褐色，长度 2 毫米以上，最大直径不小于 0.3 毫米，以天然野生苦草的种子为好，可提高子一代的分蘖能力。

(4) 浸种　选择晴朗天气晒种 1～2 天，播种前，用池塘清水浸种 12 小时。

242. 苦草何时栽种最适宜？

有冬季种植和春季种植两种方法，冬季播种时常常用干播法，应利用池塘晒塘的时机,将苦草种子撒于池底,并用耙耙匀;春季种植时常常用湿播法,用潮湿的泥团包裹草籽扔在池塘底部即可。

243. 如何播种苦草?

播种期在 4 月底至 5 月上旬,当水温回升至 15℃ 以上时播种,用种量(实际种植面积)15～30 克/667 米^2。精养塘直接种在田面上,播种前向池中加新水 3～5 厘米深,最深不超过 20 厘米。大水面应种在浅滩处,水深不超过 1 米,以确保苦草能进行充分的光合作用。选择晴天晒种 1～2 天,然后浸种 12 小时,捞出后搓出果实内的种子。洗掉种子上的黏液,将种子与半干半湿的细土或细沙按 1:10 的比例混合后撒播。采用条播或间播均可,下种后薄盖一层草皮泥,并盖草,淋水保湿以利于种子发芽。搓揉后的果实中还有很多种子未搓出,也一并撒入池中。在温度达 18℃ 以上,播种后 10～15 天即可发芽。幼苗出土后可揭去覆盖物。

244. 如何插条繁殖苦草?

选择苦草的茎枝顶梢,具 2～3 节,长 10～15 厘米作为插穗。在 3～4 月份或 7～8 月份按株行距 20 厘米×20 厘米斜插。一般约 1 周即可生根,成活率达 80%～90%。

245. 如何移栽苦草?

当幼苗具有 2 对真叶、高 7～10 厘米时移植最好。定植密度按株行距 25 厘米×30 厘米或 26 厘米×33 厘米。定植地每 667 米^2 施基肥 2 500 千克,用草皮泥、人畜粪尿、钙镁磷混合肥料最好。还可以采用水稻"抛秧法"将苦草秧抛在养蟹水域。

246. 苦草栽种后如何管理？

(1) 水位控制　种植苦草时前期水位不宜太高，太高了由于水压的作用，会使草籽漂浮起来而不能发芽生根。苦草在水底蔓延的速度很快，为促进苦草分蘖，抑制叶片营养生长，6 月中旬以前，池塘水位控制在 20 厘米以下，6 月下旬水位加深至 30 厘米左右，此时苦草已基本满塘，7 月中旬水深加至 60～80 厘米，8 月初可加至 100～120 厘米。

(2) 设置暂养围网　这种方法适合在大水面中使用。将苦草种植区用围网拦起，待水草在池底的覆盖率达到 60% 以上时，拆除围网。

(3) 密度控制　如果水草过密时，要及时去头处理，以达到搅动水体、控制长势、减少缺氧的作用。

(4) 肥度控制　分期追肥 4～5 次，生长前期每 667 米^2 可施稀粪尿水 500～800 千克，后期可施氮、磷、钾复合肥或尿素。

(5) 加强饵料投喂　当正常水温达到 10℃ 以上时就要开始投喂一些配合饵料或动物性饵料，以防止苦草芽遭到破坏。当高温期到来时，在饵料投喂方面不能直接改口，而是要逐步减少动物性饵料的投喂量，将动物性饵料的比例降至日投喂量的 30% 左右，同时增加植物性饵料的投喂量，让河蟹有一个适应过程。这样，既可以保证河蟹的正常营养需求，也可以防止水草过早遭到破坏。

(6) 经常捞出残草　每天巡塘时，经常把漂在水面的残草捞出池外，以免破坏水质，影响池底水草光合作用。

247. 轮叶黑藻有哪些特性？

轮叶黑藻又名节节草、温丝草，因每一枝节均能生根，故有"节节草"之称,是多年生沉水植物。茎直立细长,长 50～80 厘米,叶带状披针形,广布于池塘、湖泊和水沟中。冬季为休眠期,水温在 10℃ 以上时,芽苞开始萌发生长,前端生长点顶出其上的沉积物,茎叶见光呈绿色,同时随着芽苞的伸长在基部叶腋处萌生出不定根,形成新的植株。轮叶黑藻的再生能力特强,待植株长成又可以断枝再植。轮叶黑藻可移植也可播种,栽种方便,并且枝茎被河蟹夹断后还能正常生根长成新植株而不会死亡,不会对水质造成不良影响,而且河蟹也喜爱采食。因此,轮叶黑藻是河蟹养殖水域中极佳的水草种植品种。

248. 轮叶黑藻有哪些优点？

喜高温、生长期长、适应性好、再生能力强,河蟹喜食,适合于光照充足的池塘及大水面播种或栽种。轮叶黑藻被河蟹夹断后能节节生根,生命力极强,不会败坏水质。

249. 轮叶黑藻种植前要做好哪些准备工作？

(1) 池塘清整 排水干池,每 667 米² 用生石灰 150～200 千克化水趁热全池泼洒,清野除杂,并让池底充分冻晒 15 天,同时做好池塘的修复整理工作。

(2) 注水施肥 栽培前 5～7 天,注水 30 厘米左右,进水口用 60 目筛绢进行过滤,每 667 米² 施粪肥 400 千克作为基肥。

250. 轮叶黑藻何时栽培为宜？

大约在 6 月中旬最适宜。

251. 如何移栽轮叶黑藻?

将池塘留 10 厘米的淤泥,注水至刚没过淤泥。将轮叶黑藻的茎切成 15~20 厘米长的小段,然后像插秧一样,将其均匀地插入泥中,株行距为 20 厘米×30 厘米。苗种应随取随栽,不宜久晒,一般每 667 米^2 用种株 50~70 千克。由于轮叶黑藻的再生能力强,生长期长,适应性强,生长快,产量高,利用率也较高,最适宜在蟹池种植。

252. 如何用枝尖插植轮叶黑藻?

轮叶黑藻有须状不定根,在每年的 4~8 月份处于营养生长阶段,枝尖插植 3 天后就能生根,形成新的植株。

253. 如何用营养体移栽繁殖轮叶黑藻?

一般在谷雨前后,将池塘水排干,留底泥 10~15 厘米深,将长至 15 厘米的轮叶黑藻切成长 8 厘米左右的段节,每 667 米^2 按 30~50 千克的用量均匀泼洒,使茎节部分浸入泥中,再将池塘水加至 15 厘米深。约 20 天后全池都覆盖着新生的轮叶黑藻,可将水加至 30 厘米深,以后逐步加深池水,不使水草露出水面。移植初期应保持水质清新,不能干水,不宜使用化肥,可用生化产品促进定根健草。

254. 如何用芽苞种植轮叶黑藻?

每年的 12 月份至翌年 3 月份是轮叶黑藻芽苞的播种期,应选择晴天播种,播种前池水加注新水 10 厘米深,每 667 米^2 用种 500～1 000 克。播种时应按株行距 50 厘米×50 厘米将芽苞 3～5 粒插入泥中,或者拌泥沙撒播。当水温升至 15℃时,5～10 天开始 发芽,出苗率可达 95％。

255. 如何用整株种植轮叶黑藻?

在每年的 5～8 月份,天然水域中的轮叶黑藻已长成,长达 40～60 厘米,每 667 米^2 蟹池一次放草 100～200 千克,一部分被 蟹直接摄食,一部分生须根着泥存活。

256. 轮叶黑藻种植后如何管理?

(1) 水质管理 在轮叶黑藻萌发期间,要加强水质管理,水位 慢慢调深,同时多投喂动物性饵料或配合饵料,减少河蟹食草量, 促进须根生成。

(2) 及时清除青苔 轮叶黑藻的生长常常伴随着青苔的发生, 在养护水草时,如果发现有青苔滋生时,需要及时清除青苔,具体 清除方法请见前文所述。

257. 金鱼藻有哪些特性?

金鱼藻又称为狗尾巴草,是沉水性多年生水草。全株深绿色, 长 20～40 厘米,群生于淡水池塘、水沟、稳水小河、温泉流水及水 库中,尤其适合在大水面养蟹时栽培,是河蟹的极好饵料。

258. 金鱼藻有哪些优缺点？

优点是耐高温、蟹喜食、再生能力强；缺点是特别旺发，容易臭水。

259. 如何全草移栽金鱼藻？

在每年 10 月份以后，待成蟹基本捕捞结束后，可从湖泊或河沟中捞出全草进行移栽，用草量一般为每 667 米² 50～100 千克。这个时候进行移栽，因为没有河蟹的破坏，基本不需要进行专门的保护。

260. 如何浅水移栽金鱼藻？

这种方法宜在蟹种放养之前进行，移栽时间在 4 月中下旬，或当地水温稳定通过 11℃ 即可。首先浅灌池水，将金鱼藻切成小段，长度为 10～15 厘米，然后像插秧一样，均匀地插入池底，每667 米² 栽 10～15 千克。

261. 如何深水移栽金鱼藻？

水深保持在 1.2～1.5 米，金鱼草藻的长度留 1.2 米；水深为0.5～0.6 米，则草茎留 0.5 米。准备一些手指粗细的棍子，棍子长短视水深浅而定，以齐水面为宜。在距棍子入土一端 10 厘米处用橡皮筋绷上 3～4 根金鱼藻，每蓬嫩头不超过 10 个，分级排放。移栽时做到"深水区稀，浅水区密，肥水池稀，瘦水池密，急用则密，等用则稀"的原则，一般栽插密度为深水区 1.5 米×1.5 米栽 1

蓬,浅水区 1 米×1 米栽 1 蓬,以此类推。

262. 如何专区培育金鱼藻?

在池塘、湖泊或河沟的一角设立水草培育区,专门培育金鱼藻。培育区内不放养任何草食性鱼类和河蟹。10 月份进行移栽,到翌年 4～5 月份就可获得大量水草。每 667 米² 用草种量 50～100 千克,每年可收获鲜草 5 000 千克左右,可供 16 675～33 350米² 水面用草。

263. 如何隔断移栽金鱼藻?

每年 5 月份以后可捞出新长的金鱼藻全草进行移栽。这时候移栽必须用围网隔开,防止水草随风漂走或被河蟹破坏。每个围网面积一般为 10～20 米²,每 667 米² 设置 2～4 个围网,每 667米² 用草种量为 100～200 千克。待水草落泥成活后可拆去围网。

264. 金鱼藻栽培后如何管理?

(1)**水位调节**　金鱼藻一般栽在深水与浅水交汇处,水深不超过 2 米,最好控制在 1.5 米左右。

(2)**水质调节**　水清是水草生长的重要条件。水体浑浊,不利于水草生长。建议先用生石灰调节,将水质调清,然后种草,发现水草上附着泥土等杂物,应用船从水草区划过,并用桨轻轻将水草上的污物拨洗干净。

(3)**及时疏草**　当水草旺发时,要适当稀疏,防止其过密后无法进行光合作用而出现死草臭水现象。可用镰刀割除过密的水草,然后及时捞走。

(4)清除杂草　当水体中着生大量水花生时,应及时将其清除,以防止影响金鱼藻等水草的生长。

265. 水花生有哪些特性?

水花生是水生或湿生多年生宿根性草本挺水植物,茎长可达1.5~2.5米,其基部在水中匍生蔓延。原产于南美洲,我国长江流域各省的水沟、水塘、湖泊均有野生。水花生适应性极强,喜湿耐寒,适应性强,抗寒能力也超过水葫芦和空心菜等水生植物,能自然越冬,气温上升至10℃时即可萌芽生长,最适温度为22℃~32℃。5℃以下时水上部分枯萎,但水下茎仍能保留在水下不萎缩。

266. 水花生如何培育?

在移栽时用草绳把水花生捆在一起,形成一条条的水花生柱,平行放在池塘的四周。许多河蟹尤其是小老蟹会长期躲在水花生下面,因此要经常翻动水花生,让水体流动起来,防止水花生下面水质发臭,减少河蟹的隐蔽,促进其生长。

267. 水草在河蟹各养殖期的管理要点有哪些?

许多养殖户对于水草,只种不管,认为水草这种东西在野塘里到处生长,不需要加强管理,其实这种观念是错误的,如果对水草不加强管理的话,不但不能正常发挥水草的作用,而且一旦水草大面积衰败时会大量沉积在池底,然后腐烂变质,极易污染水质,进而造成河蟹死亡。河蟹养殖的不同时期对蟹池里的水草要求是不一样的。

（1）**养殖前期的管理要点**　河蟹养殖前期对水草的要求是种好草：一是要求塘口多种草、种足草；二是要求塘口种上适宜养殖河蟹的水草；三是要求种的草要成活，要萌发，要能在较短时间内形成水下森林。

（2）**养殖中期的管理要点**　河蟹养殖中期对水草的要求是管好草：一是蟹池水色过浓而影响水草进行光合作用时，应及时调水至清新状态或降低水位，从而增强光线透入水中的机会，增强水草的光合作用；二是如果蟹池水质浑浊、水草上附着污染物时，应及时清洗水草，对于水面较大的蟹池，可以使用相应的药物泼洒，分解水草上的污物；三是一旦发现蟹池里的水草有枯萎现象或缺少活力的，应及时用生化肥料或其他肥料进行追肥，同时要加强对水草的保健。

（3）**养殖后期的管理要点**　河蟹养殖后期对水草的要求是控好草：一是控制水草的疯长，使水草在池塘里的覆盖率维持在50%左右即可；二是加强台风期的水草控制，在养殖后期也是台风盛行的时候，在台风到来前，要做好水位的控制，主要是适当降低水位，避免较大的风力把水草根茎拔起而离开池底，造成枯烂，污染水质；三是对水草超出水面的，在6月初割除老草头，让其重新生长出新的水草，形成水下森林。

268. 为什么要控制蟹池里的水草疯长？

随着水温逐渐升高，蟹池里的水草生长速度也不断加快，在这个时期，如果蟹池中水草没有得到很好地控制，就会出现疯长现象。疯长后的水草会出现腐烂现象，直接导致水质变坏，水中严重缺氧，将给河蟹养殖造成严重危害。对水草疯长的蟹池，可以采取多种措施加以控制。

269. 如何控制水草疯长？

(1) 人工清除法　这种方法比较原始，劳动强度也大，但是效果好，适用于小型蟹池。具体方法就是随时将漂浮的水草及腐烂的水草捞出。对于池中生长过多、过密的水草可以用刀具割除，也可以在绳索上挂上刀片，两人在岸边来回拉扯从而达到割草的目的。每次水草的割除量控制在水草总量的1/3以下。还有一种方法就是在蟹池中间每隔8～10米割出一条2米左右的草路，让河蟹有自由活动的通道。

(2) 缓慢加深池水法　一旦发现蟹池中的水草生长过快时，应加深池水让草头没入水面30厘米以下，通过控制水草的光合作用来达到抑制生长的目的。在加水时，应缓慢加入，让水草有个适应的过程，不能一次加得过多，否则会发生死草并腐烂变质的现象，从而导致水质恶化。

270. 水草疯长时如何及时补氧除害？

对于那些水草过多而疯长的池塘，如果遇到天气闷热、气压过低的天气时，既不要临时仓促割草，也不要快速加换新水，以免搅动池底，让污物泛起。这时先要向水体里投放高效增氧剂，既可以用化学增氧剂，也可以用生化增氧产品，目的是补充水体溶解氧的不足。同时，使用药物来消除水体表面的张力和水体分层现象，促使蟹池里的有害物质转化为无害的有机物或气体溢出水面，待天气和气压状况好转后，再将疯长的水草割去，同时加换新水。

271. 水草疯长时如何及时调节水质？

在养殖第一线的养殖户肯定会发现一个事实,那就是水草疯长的池塘,水里面的腐烂草屑和其他污物一般都很多,这是水质不好的表现,如果不加以调控的话,很可能就会进一步恶化。特别是在大雨过后及人工割除的情况下,这种现象更是明显,而且短期内水质都会不好,这时就要着手调节水质。

调节水质的方法很多,可以先用生石灰化水全池泼洒,烂草和污物多的地方要适当多洒,翌日上午使用解毒剂进行解毒,然后再施用追肥。

272. 导致水草老化的原因有哪些？水草老化有哪些危害？如何处理？

(1)导致水草老化的原因 蟹池经过一段时间的养殖后,由于水体中肥料营养已经被水草和其他水生动植物消耗得差不多了,出现营养供应不足,导致水质不清爽。

(2)水草老化的危害 在水草方面体现在一是污物附着水草,叶子发黄;二是草头贴于水面上,经太阳暴晒后停止生长;三是伊乐藻等水草老化比较严重,出现水草下沉、腐烂的情况。水草老化对河蟹养殖的影响就是败坏水质、底质,从而影响河蟹的生长。

(3)水草老化的处理 一是对于老化的水草要及时进行"打头"或"割头"处理;二是促使水草重新生根、促进生长。可通过施加肥料等方法来达到目的。这里介绍一例,仅供参考,可用 1 桶健草养螺宝加 1 袋黑金神,用水稀释后全池泼洒,可用于 5 336～6 670 米^{2}水面。

273. 导致水草过密的原因有哪些？水草过密有哪些危害？如何处理？

(1) **导致水草过密的原因** 蟹池经过一段时间的养殖,随着水温的升高,水草的生长也处于旺盛期,于是有的池塘里就会出现水草过密的现象。

(2) **水草过密的危害** 水草过密对河蟹造成的影响一是过密的水草会封闭整个蟹池表面,造成池塘内部缺少氧气和光照,河蟹会因缺氧而死亡;二是过密的水草会大量吸收池塘的营养,从而造成蟹池无法保持稳定的优良藻相,时间一长就会造成河蟹疾病频发;三是水草过密,河蟹有了天然的躲避场所,它们就会躲藏在里面不出来,时间一长就会造成大量的懒蟹,从而造成整个池塘的河蟹产量下降,规格降低。

(3) **水草过密的处理** 一是对过密的水草强行打头或刈割,从而起到稀疏水草的效果;二是对于生长旺盛、过于茂盛的水草要进行分块,做有一定条理的"打路"处理,一般每隔5～6米打一宽2米的通道以加强水体间上、下水层的对流及增加阳光的照射,有利于水体中有益藻类及微生物的生长,还有利于河蟹的行动、觅食,增加河蟹的活动空间;三是处理水草后,要在蟹池中全池泼洒防应激、抗应激的药物,来缓解河蟹因改变光照、水体环境带来的应激反应。

274. 导致水草过稀的原因有哪些？水草过稀有哪些危害？如何处理？

在养殖过程中,温度越来越高,河蟹越长越大,而蟹池里的水草却越来越稀少,这在河蟹养殖中是最常见的一种现象。经过分析,笔者认为导致水草过稀的原因有以下几种,不同的情况对河蟹造成的影响是不同的,当然处理的对策也有所不同。

第一种情况是由水质老化浑浊而造成的。蟹池里的水太浑浊,水草上附着大量的黏滑浓稠的污泥物,这些污泥物在水草的表面阻断了水草利用光能进行光合作用的途径,从而阻碍了水草的生长发育。

对策:一是换注新水,促使水质澄清;二是先清洗水草表面的污泥,然后再通过施加肥料等方法,促使水草重新生根、促进生长。

第二种情况是由水草根部腐烂、霉变而引起的。养殖过程中由于大量投喂或使用化肥、鸡粪等导致底部有机物过多,水草根部在池底受到硫化氢、氨气、沼气等有害气体和有害菌侵蚀造成根部腐烂、霉变,进而使整株水草枯萎、死亡。

对策:一是对已经死亡的水草,要及时捞出,减少对蟹池的污染。二是对池水进行解毒处理,用相应的药物来消除池塘里硫化氢、氨等毒性。三是做好河蟹的保护工作,可口服大蒜素(0.5%)、护肝药物(0.5%)、多维(1%),每日 1 次,连用 3~5 天,防止河蟹误食已经霉变的水草而中毒。四是用药物对已腐烂、霉变的水草进行氧化分解,达到抑制、减少有害气体及有害菌的作用,从而保护水草根部不受侵蚀而腐烂、霉变。这类药物目前在市场上属于新品种,并不多见,如六控底健康就可以用来解决此类问题,具体的用量和用法请参考药物说明书。

第三种情况是由水草的病虫害而引起的。春夏之交是各种病虫繁殖的旺盛期,这些飞虫将自己的受精卵产在水草上孵化。这些孵化出来的幼虫需要能量和营养,水草便是最好的能量和营养载体,这些幼虫通过噬食水草来获取营养,导致水草慢慢枯死,从而造成蟹池里的水草稀疏。

对策:由于蟹池里的水草是不能乱用药物的,尤其是针对飞虫的药物有相当一部分是菊酯类的,对河蟹有致命伤害,因此不能使用。针对水草的病虫害只能以预防为主,可用经过提取的大蒜素制剂与食醋混合后喷洒在水草上,能有效驱虫和溶化分解虫卵。大蒜素制剂和食醋的用量请参考使用说明书。

第四种情况是由综合因素引起的。主要是在高温季节,由于高密度、高投喂、高排泄、高残留、低气压、低溶氧导致水质、底质变坏,对水草的健康生长带来不良影响,是河蟹养殖的高危期。

对策:每 5～7 天在水草生长区和投喂区抛洒底部改良剂或漂白粉制剂,目的是保持水质通透,防止底质腐败,消除有毒、有害物质如亚硝酸盐、氨氮、硫化氢、甲烷、重金属、有害腐败病菌等,保护水草健康。

第五种情况是由河蟹割草而引起的。所谓河蟹割草,就是河蟹用大螯把水草夹断,就像人工用刀割的一样,养殖户把这种现象叫作河蟹割草。

蟹池里如果有少量河蟹割草属于正常现象,如果在投喂后这种现象仍然存在,可根据蟹池的实际情况合理投放一定数量的螺蛳,有条件的尽量投放仔螺蛳。

蟹池里如果有河蟹大量割草,那就不正常了,可能是河蟹饵料不足或者河蟹开始发病的征兆。此时,一要针对饵料不足,多投喂优质饵料;二要配合施用追肥,来达到肥水培藻的目的,也可使用市售的培藻产品按使用说明书使用,以达到培养藻类的目的。

十、河蟹病害防治技术

275. 河蟹疾病防治有哪些原则？

河蟹疾病防治应本着"防重于治、防治相结合"的原则，贯彻"全面预防、积极治疗"的方针。

276. 如何抓好苗种购买放养关？

可由各级水产技术推广站或联合当地有信誉的养殖大户，统一从湖库中组织高质量的河蟹亲本，送到有合作关系且信誉度较高的苗种生产厂家，专门培育优质大眼幼体，指导养殖户购买适宜苗种，严格进行种质鉴定和病情检测，放养的蟹种做到肢体健全，活动能力强，不带病原菌和寄生虫，鼓励养殖户坚持自育自养，培育健康苗种提高蟹种抗病能力。

277. 池塘底质对河蟹的生长有哪些影响？

河蟹有典型的底栖类生活习性，它们的生活、生长都离不开底质，因此底质的优良与否会直接影响河蟹的活动能力，从而影响它们的生长、发育，甚至影响它们的生命，进而会影响养殖产量与养殖效益。

底质，尤其是长期养殖池塘的底质，往往是各种有机物的集聚之地，这些底质中的有机物在水温升高后会慢慢地分解。在分解过程中,它一方面会消耗水体中大量的溶解氧来满足分解作用的进行;另一方面,在有机物分解后,往往会产生各种有毒物质,如硫化氢、亚硝酸盐等,结果就会导致河蟹因为不适应这种环境而频繁上岸或爬上草头,轻者会影响它们的生长蜕壳,造成上市河蟹规格普遍偏小,价格偏低,养殖效益也会降低,严重的则会导致池塘缺氧泛塘,甚至河蟹中毒死亡。

278. 如何科学改良底质?

一是提倡采用微生物型或益生菌来进行底质改良,达到养底护底的效果。充分利用复合微生物中的各种有益菌的功能优势,发挥它们的协同作用,将残饵、排泄物、动植物残体等导致底质变坏的隐患及时分解消除,可以有效地养护底质和水质,同时还能有效地控制病原微生物的蔓延扩散。

二是快速底改可以使用一些化学物质混合而成的底改产品,但是从长远角度来看,还是尽量不用或少用化学底改产品,建议使用微生物制剂,通过有益菌如光合细菌、芽孢杆菌等的作用来达到底改的目的。

三是做好间接护底的工作,可以在饵料中长期添加大蒜素、益生菌等微生物制剂,因为这些微生物制剂是根据动物正常的肠胃菌群配制而成,利用益生菌代谢的生物酶补充河蟹体内的内源酶的不足,促进饵料营养的吸收转化,降低粪便中有害物质的含量,排出来的芽孢杆菌又能净水,达到水体稳定、及时降解的目的,全方面改良底质和水质。所以,不仅能降低河蟹的饵料系数,还能从源头上解决河蟹排泄物对底质和水质的污染,节约养殖成本。

四是定向培养有益藻类,适当施肥并防止水体老化。养殖池塘不怕"水肥",而是怕"水老",因为"水老"藻类才会死亡,才会出现"水变",水肥不一定"水老"。可以定期使用优质高效的水产专用肥来保证肥水效率,如"生物肥水宝""新肽肥(池塘专用)"等。这些肥水产品都能被藻类及水产动物吸收利用,不污染底质。

279. 如何做好蟹种的消毒工作?

生产实践证明,即使是体质健壮的蟹种,或多或少都带有各种病原菌,尤其是从外地运来的蟹种。放养未经消毒处理的蟹种,容易把病原体带进池塘,一旦条件合适,便大量繁殖而引发疾病。因此,在放养前将蟹种浸洗消毒,是切断传播途径、控制或减少疾病蔓延的重要技术措施。药浴的浓度和时间,根据不同的养殖种类、个体大小和水温灵活掌握。

(1)食盐消毒 这是苗种消毒最常用的方法,配制浓度为3‰～5‰,洗浴 10～15 分钟,可以预防烂鳃病、指环虫病等。

(2)漂白粉消毒 浓度为 15 毫克/升,浸洗 15 分钟,可预防细菌性疾病。

(3)高聚碘消毒 浓度为 50 毫克/升,洗浴 10～15 分钟,可预防寄生虫性疾病。

(4)高锰酸钾消毒 在水温为 5℃～8℃ 时,浓度为 20 克／米^3,浸洗 3～5 分钟,可杀灭河蟹体表的寄生虫和细菌。

280. 如何做好饵料的消毒工作?

在河蟹养殖过程中,投喂不清洁或腐烂的饵料,有可能将致病菌带入池塘中,因此要对饵料进行消毒,提高河蟹的抗病能力。青饵料如南瓜、马铃薯等要洗净切碎后方可投喂;配合饵料以 1 个月喂完为宜,不能有异味;小鱼、小虾要新鲜投喂,如存放时间过久,要用高锰酸钾消毒后方可投喂。

281. 食场消毒有哪些重要性？如何进行食场的消毒工作？

（1）食场消毒的重要性　食场是河蟹的摄食之处，由于食场内常有残存饵料，一些没有被及时吃完的饵料会溶失于水体中，时间长了或高温季节腐败后可成为病原菌繁殖的培养基，就为病原菌的大量繁殖提供了有利场所，很容易引起河蟹细菌感染，导致疾病发生。同时，食场是河蟹群体最密集的地方，也是疾病传播的地方，因此对于养殖固定投喂的场所，也就是食场，要进行定期消毒，这是防治河蟹疾病发生的有效措施之一。

（2）食场消毒的方法

①药物悬挂法　可用于食场消毒的悬挂药物主要有漂白粉、强氯精等，悬挂的容器有塑料袋、布袋、竹篓。装药后，以药物能在5小时左右溶解完为宜，使悬挂处周围的药液达到一定浓度就可以了。

在疾病高发季节，要定期进行挂袋预防，一般每隔 15～20 天为 1 个疗程，可预防细菌性疾病和烂鳃病。药袋最好挂在食台周围，每个食台挂 3～6 个袋。漂白粉挂袋每袋 50 克，每天换 1 次，连续挂 3 天。同时，每天坚持巡塘查饵，经常清理回收未吃完的残食残渣。

②泼洒法　从 4～9 月份开始，每隔 1～2 周在河蟹摄食后用漂白粉消毒食场 1 次，用量一般为 250 克，将溶化的漂白粉泼洒在食场周围。也可用生石灰在食场周围泼洒消毒，每次用量为 10 千克／667 米^2，既可防止水质老化、恶化，又可促进河蟹蜕壳生长。同时，要加强水源管理，杜绝使用劣质水。

282. 如何对养蟹工具进行消毒？

在发病蟹池中用过的工具，如桶、木瓢、斗箱、各种网具等必须消毒，其方法是小型工具放在较高浓度的生石灰或漂白粉混悬液或 10 克／米³ 硫酸铜溶液中浸泡 10 分钟，大型工具可放在太阳下晒干后使用。

283. 如何对水草进行消毒？

从湖泊、河流中捞回来的水草可能带有外来病菌和敌害，如乌鳢、克氏原螯虾、黄鳝等，一旦带入蟹池中将给河蟹的生长发育带来严重后果，因此水草入池时需用 8～10 毫克/升高锰酸钾溶液消毒后方可入池。

284. 如何定期对水体进行消毒？

河蟹的生活环境，除了底质就是水质，水质的好坏直接影响它们的生长和发育，从而影响产量和经济效益，优良的水源条件应是充足、清洁、不带病原生物以及无人为污染有毒物质，水的物理、化学指标应适合于河蟹生长的需求。如果水质不好，会导致河蟹发生各种疾病。

河蟹养殖用水一定要杜绝和防止引用工厂废水，使用符合要求的水源。随着水温的不断升高，河蟹的摄食量大增，生长发育旺盛，而此时也正是病原体的生长繁殖旺盛季节，为了及时杀灭病菌，应定期对池塘水体进行消毒杀菌，每隔 15 天用 1 克／米³ 漂白粉混悬液或 15 千克／667 米² 生石灰溶液全池遍洒 1 次。

另外，应使每个养殖池有独立的进水和排水管道，以避免水流把病原体带入。养殖场的设计应考虑建立蓄水池,这样可将养殖用水先引入蓄水池,使其自行净化、曝气、沉淀或进行消毒处理后再灌入养殖池,能有效防止病原随水源带入。

285. 如何维持水体中的优质藻相?

藻相平衡是指在河蟹养殖池中各种优质藻类品种比较齐全,所占比例合理,在水体中呈良性循环,因此水体中各种有益微生物种群合理,这种水营养丰富、活力强,非常有利于河蟹生活、生长,而且在这种藻相里生长的河蟹,自身对疾病的抵抗力非常强。

藻相的好坏如何观察?如何控制?这些都是经验活儿,我们除了能熟练、科学地掌握观察水色、看水养蟹的技能外,还要能迅速地判断出池塘里的藻相是否处于优质状态。这里介绍一种简便实用的方法,就是结合观察增氧机打起的水花颜色来判断。

如果增氧机打起的水花是浅绿色的,水很清爽,说明水体藻类活力很强,水体状况很好,注意做好底质的预防处理就能维持优质藻相了。

如果增氧机打起的水花较浑浊,呈土黄绿色,水面有泡沫、悬浮物,说明水体开始老化,应该进行追肥、保水,激活藻类的生长,保持良好水色,同时须进行底质的改良、氧化等处理。

如果养殖中后期,增氧机打起的水花是晶莹透亮的,没有一点颜色,说明水体老化程度很大,水体藻类活力很差,活藻少,死藻多,水中溶氧量很低,很容易引起疾病暴发,这时的处理方法是及时补加新水,施肥培藻,同时进行底质净化。

286. 如何防治河蟹黑鳃病?

【病　因】　本病是由细菌引起。成蟹养殖后期水质恶化,是诱发本病的主要原因。

【症　状】　初期病蟹部分鳃丝变为暗褐色,随着病情的发展,全部变为黑色。病蟹行动迟缓,呼吸困难,出现叹气状。

【流行特点】　主要流行季节为夏、秋季。

【危害情况】　主要危害成蟹,常发生于成蟹养殖后期。发病率为10％～20％,死亡率较高。

【预防措施】　保持水质清洁,夏季要经常加注新水。发病季节每15天用芳草蟹平、芳草灭菌净水威或芳草灭菌净水液全池泼洒1次。

【治疗方法】　外用芳草蟹平全池泼洒,同时口服烂鳃灵散＋三黄粉＋芳草多维,连用3～5天。

287. 如何防治河蟹烂鳃病?

【病　因】　本病由细菌感染引起,水质恶化、底质腐败、长期投喂劣质饵料是诱发本病的主要原因。

【症　状】　发病初期河蟹鳃丝腐烂多黏液,部分呈暗灰色或黑色,病重时鳃丝全部变为黑色。病蟹行动迟缓,鳃已失去呼吸功能,导致死亡。

【流行特点】　主要发生高温季节,水质浑浊、透明度低的恶化池塘容易发病。

【危害情况】　轻者影响河蟹的生长,严重的则直接导致河蟹死亡。

【预防措施】　①放养前,彻底清塘,清除塘底过多的淤泥。②保持良好的养殖环境,可将生物肥水宝配合养水护水宝全池泼洒。③夏季要经常加注新水,保持水质清新;若水源不足,可用降解底净和粒粒氧全池干撒。

【治疗方法】　①用肠鳃宁杀灭水体中的病原体,每日1次,连用 2 天;②将病蟹置于 2～3 毫克/升恩诺沙星粉溶液中浸洗 2～3 次,每次 10～20 分钟。

288. 如何防治河蟹水肿病?

【病　因】　河蟹腹部受伤被病原菌寄生而引起。

【症　状】　病蟹肛门红肿,腹部、腹脐以及背壳下方肿大呈透明状,病蟹匍匐池边,活动迟钝或不动,拒食,最终在池边浅水处死亡。

【流行特点】　夏、秋季为其主要流行季节,主要流行温度为 24℃～28℃。

【危害情况】　主要危害幼、成蟹,发病率虽不高,但受感染的蟹死亡率可达 60% 以上。

【预防措施】　①在养殖过程中,尤其是在河蟹蜕壳时,尽量减少对它们的惊扰,以免受伤。②夏季经常向蟹池添加新水,投放生石灰(每 667 米² 每次用 10 千克),连用 3 次。③多投喂鲜活饵料和新鲜植物性饵料。④在拉网时、天气突变时,可用应激消提高蟹抗应激能力。⑤经常添加新水,可将养水护水宝与双效利生素配合使用,以改善水环境。

【治疗方法】　①用菌必清或芳草蟹平全池泼洒,同时口服鱼病康散或芳草菌灵。②饵料中添加含钙丰富的物质(如麦粉、贝壳粉),增加动物性饵料的比例(可捣碎甲壳动物的新鲜尸体,投入蟹池),一般 3～5 天后可收到良好的效果。③发病时全池泼洒海因宝或菌氯清,每日 1 次,连用 2 天。

289. 如何防治河蟹颤抖病?

【病　因】　本病又名抖抖病,可能由病毒和细菌引起,不洁、较肥、污染较大的水质以及河蟹种质混杂或近亲繁殖,放养密度过大,规格不整齐,河蟹营养摄取不均衡等,易导致本病发生。

【症　状】　在发病初期,病蟹食欲减弱,摄食减少或基本不摄食,行动缓慢,活动能力差,白天贴泥栖息或打洞穴居,晚上在水边慢慢爬行或挺立草头;患病严重的河蟹在晚上用步足腾空支撑整个身躯趴在岸边或挺立在水草头上直至黎明,甚至白天也不肯下水,口吐泡沫,反应迟钝;步足无力,大部分河蟹步足爪尖呈红色,极易从底节处脱落,而且步足肌肉较软,弹性强,蟹农称之为"弹簧爪";检查蟹体,可见蟹体基本洁净,身体枯黄,鳃丝颜色呈棕黄色,少部分伴随黑鳃、烂鳃等病灶,前肠中一般有饵料存在,死蟹的肠内饵料较少,大部分死蟹躯壳较硬,唯有前侧齿处呈粘连状、较软,在头胸甲与腹部连接处出现裂痕,无力蜕壳或蜕出部分蟹壳而死亡,少部分河蟹刚蜕壳后,在甲壳尚未钙化时就死亡,一般并发纤毛虫病、烂鳃病、黑鳃病、肠炎病、肝坏死及腹水病。

【流行特点】　本病流行季节长,通常在5月份至10月上旬,8～10月份是发病高峰季节,流行水温为25℃～35℃。沿长江地区,特别是江苏、浙江等省流行严重。

【危害情况】　①对河蟹危害极大,发病较快,病蟹死亡率高、对药物敏感性高。②主要危害二龄幼蟹和成蟹,当年养成的蟹一般发病率较低。③发病蟹体重为3～120克,100克以上的蟹发病率最高。④一般发病率可达30%以上,死亡率达80%～100%,从发病到死亡往往只需3～4天。

【预防措施】　应坚持预防为主、防重于治、防治结合的原则,做到以生态防病为主,药物治疗为辅。

蟹农在购买苗种时,应选择健壮的蟹种进行养殖,提高蟹种的免疫力,既不要在病害重灾区购买大眼幼体、扣蟹,也不要在作坊式的小型生产场家购苗;养殖户要尽量购买适合本地养殖的蟹种,最好自培自育一龄扣蟹,放养的蟹种应选择肢体健壮、活动能力强、不带病原体及寄生虫的蟹种;同一水体中最好一次性放足同一规格、同一来源的蟹种,杜绝多品种、多规格、多渠道的蟹种混养,以减少相互感染的概率;蟹种入池时要严格消毒,可用3‰~5‰食盐水消毒5分钟,或用0.55毫克/升甲醛溶液浸洗15分钟。

将养蟹池塘进行技术改造,使进、排水实现两套渠道,互不混杂,确保水质清新无污染;每年成蟹捕捞结束后,清除淤泥,并用生石灰彻底清塘消毒,用量为100千克/667米^2,化水后趁热全池泼洒,以杀灭野杂鱼、细菌、病毒、寄生虫及其虫卵,并充分暴晒池底,促进池底的有机物矿化分解,改良池塘底质,也可提供钙离子,促进河蟹顺利蜕壳,快速生长。

池塘需移植较多的水生植物如轮叶黑藻、苦草、菹草、柞草、水花生、水葫芦、紫背浮萍等,并采取措施防止水草老化、腐烂。

积极推行生态养蟹措施,推广稻田养蟹、茭白养蟹、莲田养蟹、种草养蟹等技术,营造适合河蟹生长的生态因子,利用生物间的相互作用预防蟹病;在精养池塘内推行鱼蟹混养、鱼蟹轮养、鱼虾蟹综合养殖技术,确定合理的放养密度,适当降低河蟹产量,以减轻池塘的生物负载量,减少河蟹自身对其生存环境的影响和破坏;适度套养滤食性鱼类如花白鲢和异育银鲫,以清除残饵,净化水质。

在精养池中投放一定量的光合细菌,使其在池塘中充分生长并形成优势种群。光合细菌可以促进分解、矿化有机废物,降低水体中硫化氢、氨氮等有害物质的浓度,澄清水质,保持水体清新鲜嫩;光合细菌还能有效促进有益微生物的生长发育,利用生物间的拮抗作用来抑制病原微生物的生长发育而达到预防蟹病的效果。

饵料生产场家在生产优质、高效、全价的配合饵料时,不但要合理营养配比,而且要科学组方营养元素,并根据河蟹不同生长阶段、各种水体的养殖模式、水域的环境而采取不同的微量元素添加方法,满足河蟹生长过程中对各种营养元素和微量元素的需求,确保在饵料上能起到增强体质、提高抗病免疫能力的作用;在投喂时要注意保证饵料新鲜适口,不投腐败变质饵料,并及时清除残饵,减少饵料溶失对水体的污染;合理投喂,正确掌握"四定"和"四看"的投喂技术,充分满足河蟹各生长阶段的营养需求,增强机体免疫力。

【治疗方法】 ①定期用芳草蟹平或菌必清全池泼洒消毒。定期用活性蒜宝(1%)、保肝促长灵(0.5%)、多维(1%)混合拌料投喂,每日1~2次,连用3~5天。②外用芳草蟹平全池泼洒,连用3天,同时口服芳草菌威和三黄粉,连用5~7天。病症消失后再用1个疗程,以巩固疗效。③菌必清全池泼洒,隔天再用1次,同时口服芳草菌威和三黄粉,连用5~7天。症状消失后再用1个疗程,以巩固疗效。④用高聚碘或海因宝杀灭水体中的病原体,每日1次,连用2天。⑤将生物肥水宝配合养水护水宝全池泼洒。⑥在饵料中添加三林合剂、维生素C钠粉和诱食灵,连用5~7天;病蟹不摄食,可用三林合剂与维生素C化水全池泼洒。

290. 如何防治河蟹肠炎病?

【病　因】 本病多因河蟹摄食过多,或摄入不新鲜的饵料,或感染致病细菌而引起。

【症　状】 病蟹刚开始时食欲旺盛,肠道特粗,隔几天后病蟹摄食减少或拒食,肠道发炎、发红且无粪便,有时肝、肾、鳃亦会发生病变,有时表现出胃溃疡且口吐黄水。打开腹盖,轻压肛门,有时有黄色黏液流出。

【流行特点】 所有的河蟹均可感染,在所有的养蟹区域都有发病的可能。

【危害情况】 ①影响河蟹的摄食,从而影响河蟹的生长。②导致河蟹死亡。

【预防措施】 ①投喂新鲜饵料,可将百菌消或病菌消等拌饵投喂,提高河蟹抗病能力,减少发病率。②要根据河蟹的习性来投喂,饵料要多样性、新鲜且易于消化,投喂要科学,要全池均匀投喂。③用水体消毒净、海因宝或肠鳃宁全池泼洒,杀灭病原菌,改善养殖环境。④在饵料中经常添加复合维生素(维生素 C、维生素 E 和维生素 K)、免疫多糖、葡萄糖等,增强河蟹的抗病能力。⑤定期用生物制剂改良底质和水质,合理、灵活地开启增氧机,保持池水"肥、活、爽"的状态。

【治疗方法】 ①在饵料中拌服肠炎消或恩诺沙星,3～5 天为 1 个疗程。②在饵料中定期拌服适量大蒜素、复方恩诺沙星粉或中药菌毒杀星,5～7 天为 1 个疗程。③池塘底质、水质恶化时,每 667 米² 水面、每米水深全池泼洒池底改良活化素 20 千克、复合芽孢杆菌 250 毫升。④饵料中拌服虾蟹宝 0.5%、鱼虾 5 号 0.1%、营养素 0.8%、维生素 C 磷酸酯 0.2%、肝胆双保素 0.2%、盐酸环丙沙星 0.05%、诱食剂 0.2%,连用 3～5 天。⑤泼洒二溴海因 0.2 毫克/升,或每 667 米² 水面、每米水深用聚维酮碘 250 毫升。

291. 如何防治河蟹肝脏坏死症?

【病 因】 本病是由于养殖池塘水瘦、饵料腐败、施肥过多、氨氮超标、亚硝酸盐超标、硫化氢超标以及有害蓝藻类所引起,加上嗜水气单胞菌、迟钝爱德华氏菌、弧菌侵染,可使疾病更为严重。

【症 状】 病蟹甲壳略黑,不清爽,甲壳肝区、鳃区呈微微黄色。腹脐颜色与健康蟹无异,腹脐基部有的呈黄色。肛门无粪便,腹脐部肠道中有的有排泄物、有的没有。腹部内都有积液现象,积液多少根据病变由轻到重而逐渐增多,积液颜色也随着由浅色向深色变化。肝脏有的呈灰白色如臭豆腐样,有的呈黄色如坏鸡蛋黄样,有的呈深黄色豆渣样。病蟹一般伴有烂鳃病。肝病中期,掀开背壳,肝脏呈黄白色,鳃丝水肿呈灰黑色且有缺损。肝病后期,肝脏呈乳白色,鳃丝腐烂缺损。

【流行特点】 各河蟹养殖区都有发病,高温季节更易发生。

【危害情况】 本病对所有的河蟹都有危害,其特征性的肝脏病变是引起河蟹死亡的一个重要原因,即使河蟹不死亡,也会生长缓慢,成为所谓的"懒蟹"。

【预防措施】 水质恶化或池底污泥偏多时,应配合使用强力污水净、降解底净和粒粒氧,以改善水质,改良池塘底质。

合理施肥,培养水草,促进螺蛳生长和抑制青苔等有害藻类。

投喂多品种搭配的新鲜饵料。

【治疗方法】 ①在饵料中拌服十味肝胆清或肝康5~7天,杀灭体内致病菌,同时添加水产高效维生素C或电解多维,维护营养均衡,以改善内脏生理功能,促进内脏修复。②每667米^{2}水面、每米水深先用水体解毒剂1.5千克,翌日用黑金素1千克,第三天用生物益水素500克。同时,口服药饵,每千克饵料添加维生素C 10克、连根解毒散20克、生物糖原10克、大蒜素3克,连喂5~7天。③在饵料中拌服复方恩诺沙星粉或中药三黄粉5~7天,杀灭体内致病细菌。④在饵料中拌服蟹用多维5~7天,维护营养均衡,促进肝脏修复。⑤在池塘中泼洒菌毒清或颗粒型溴氯海因(或颗粒型二溴海因)1次,杀灭水环境中的细菌。

292. 水霉病如何防治?

【病 因】 本病属河蟹的真菌病,多因运输或病害发生使蟹受伤,水霉孢子趁机侵入造成。其发生与水温低、水质不清新、蟹体受伤有关。

【症 状】 河蟹受伤后,伤口周围生有霉状物,蟹卵表面或病蟹体表和附肢上,尤其是伤口上出现灰白色棉絮状病灶,伤口部位组织溃疡,病蟹行动迟缓,食欲减退,身体瘦弱,最后因蜕壳困难而死亡。

【流行特点】 蟹卵、幼体、成蟹均会感染本病,任何养蟹地区均可发生。

【危害情况】 发病率较高,影响河蟹生长和存活。蟹卵与幼体发病易造成大量死亡。

【预防措施】 ①在捕捞、运输、放养过程中应谨慎操作,勿使河蟹受伤。②在河蟹蜕壳前,增投一些动物性饵料,促使其蜕壳。③育苗期间,要保持水质的清新,注意保温。④在拉网、放苗或天气剧变时将应激消全池泼洒。⑤放苗前,将蟹苗放在高聚碘溶液中浸浴 10～20 分钟。

【治疗方法】 ①用 3％食盐溶水浸洗病蟹 5～10 分钟。②全池泼洒水霉净,每 667 米^2 水面、每米水深用 1 袋,连用 3 天。③患病后,用水霉灵拌料口服,或用 30℃～40℃温水浸泡 1 小时,全池泼洒。

293. 如何防治河蟹步足溃疡病?

【病　因】 本病又名烂肢病,是由于河蟹在捕捞、运输、放养过程中受伤或在生长过程中被敌害或同类致伤,感染病菌所致。

【症　状】 步足出现橘红色或棕黑色斑块,表壳组织溃疡下凹,并向壳内组织发展形成洞穴状,严重时步足的指节和其他节烂掉,头胸部、背腹面出现棕红色小孔,鳃丝发黑,活动迟缓,摄食量减少甚至拒食,因无法蜕壳而死亡。

【流行特点】 在河蟹的生长期间都能发生,蜕壳过程中受到敌害侵害时容易发生。

【危害情况】 轻者影响河蟹的活动,重则导致河蟹死亡。

【预防措施】 ①运输、放养操作时要轻,减少机械损伤,以免

被细菌感染，放养前用5％食盐水浸泡数分钟。②做好清塘工作，用水体消毒净或菌氮清全池泼洒，做好预防工作

【治疗方法】 用1毫克/升土霉素全池泼洒。每千克饵料加3～6克土霉素和磺胺类药物制成药饵投喂，连用7～10天为1个疗程。一旦发病，可用海因宝或灭菌特全池泼洒，杀灭水体中的病原菌。用恩诺沙星、应激消或水产高效维生素C拌料投喂，促进伤口愈合，增强体质，提高抗病、抗逆能力。

294. 如何防治河蟹甲壳溃疡病？

【病　因】 本病又名腐壳病、褐斑病、甲壳病、壳锈病，其病原是一群能分解几丁质的细菌如弧菌、假单胞菌、气单胞菌、螺菌、黄杆菌等。因机械损伤、营养不良和环境中存在某些重金属化学物质造成河蟹上表皮破损，使分解几丁质能力的细菌侵入外表皮和内表皮而导致本病发生。

【症　状】 病蟹步足尖端破损，呈黑色溃疡状并腐烂，然后步足各节及背、胸板出现白色斑点，斑点中部凹陷，形成微红色并逐渐变成黑褐色的溃疡斑点，这种斑点在腹部较为常见，溃疡处有时呈铁锈色或被火烧状。随着病情发展，溃疡斑点扩大，互相连接成形状不规则的大斑，中心部溃疡较深，甲壳被侵袭成洞，可见肌肉或皮膜，造成蜕壳未遂而导致河蟹死亡。

【流行特点】 发病率与死亡率一般随水温的升高而增加。

【危害情况】 可直接导致河蟹死亡，溃疡病病蟹还可能被其他细菌或真菌感染。

【预防措施】 ①夏季经常加注新水，保持水质清新，可用降解底净和粒粒氧全池泼洒，改善水环境。②在河蟹的捕捞、运输与饲养过程中，操作要细心，防止受伤。③用生石灰清塘，在夏季用15～20毫克/升生石灰水全池泼洒，每15天使用1次。④饵料营

养要全面,水质避免受重金属离子污染。⑤每月全池泼洒 1 次漂白粉,用量为每 667 米² 水面、每米水深用 500 克。⑥彻底清塘,使池塘保持 10~20 厘米厚的软泥。

【治疗方法】 发病池用 2 毫克/升漂白粉混悬液全池泼洒,同时在饵料中添加金霉素 1~2 克/千克,连用 3~5 天为 1 个疗程。

重病蟹要立即捞出,防止疾病蔓延。

发病池塘全池泼洒 8%二氧化氯,每 667 米² 水面、每米水深用量为 100~125 克。

虾蟹多维宝 200 克,板蓝根大黄散 100 克,拌料 40 千克,连喂 7 天。

发病池用菌毒清Ⅱ全池泼洒,每日 1 次,连用 2 天,以防继发感染。

295. 如何防治河蟹蜕壳不遂症?

【病　因】 ①投喂的人工饵料中,饵料营养不均衡,长期缺乏钙、磷等微量元素以及甲壳素、蜕壳素等,造成河蟹生理性蜕壳障碍。②蟹池长期不换水,残饵过多,水质浓,有机物含量高,纤毛虫及病菌大量滋生,河蟹受寄生虫感染,导致蜕壳困难。③病菌侵染蟹的鳃、肝脏等器官,造成内脏病变,无力蜕壳而死亡。④河蟹体内 β-蜕皮激素分泌过少。

【症　状】 病蟹行动迟钝,往往十足腾空,在蟹的头胸部、腹部出现裂痕,无力蜕壳或仅退出部分蟹壳。病蟹背甲上有明显的斑点,全身变成黑色最终死亡。在池水四周或水草上常可以发现患本病的蟹。

【流行特点】 在河蟹的生长旺季容易发生,个体较大的成蟹以及干旱或离水的蟹也易患本病。

【危害情况】 可导致河蟹死亡,刚越冬后的扣蟹在第一次蜕壳时能大量死亡。

【预防措施】 ①生长季节定期泼洒硬壳宝,增加水体钙、磷等微量元素,平时每隔 15 天使用 1 次。②蜕壳期间严禁加换水,不用刺激性强的药物,保持环境稳定。③改善营养,补充矿物质,饵料中添加适量蜕壳素及贝壳粉、骨粉、鱼粉等含矿物质较多的物质,增加动物性饵料的比例(占总投喂量的 50% 以上),促进营养均衡是防治本病的根本方法。④定期泼洒 15～20 毫克/升生石灰和 1～2 毫克/升过磷酸钙,生石灰要兑水溶化后再泼洒。⑤在养蟹池中栽植适量水草,便于河蟹攀缘和蜕壳时隐蔽。⑥投喂区和蜕壳区要严格分开,严禁在蜕壳区投放饵料,以保持蜕壳区的安静。

【治疗方法】 在蟹蜕壳前 2～3 天全池泼洒硬壳宝,补充钙、磷等矿物质,同时在饵料中添加虾蟹蜕壳素,促进蟹同步蜕壳,以免互相残杀。

为了保持水中的高溶氧量,确保河蟹正常蜕壳,需使用颗粒氧。

平时在饵料中添加河蟹复合营养促进剂或蜕壳素,促进营养均衡;疾病发生时在饵料中拌服三黄粉。

296. 如何防治河蟹软壳病?

【病 因】 ①投喂不足或长期营养不足,使河蟹长期处于饥饿状态。②池塘水质老化,有机物过多,或放养密度过大,从而引起河蟹的软壳病。③河蟹体内缺少钙及维生素,导致蜕壳后不能正常硬化。④受纤毛虫寄生的河蟹有时亦可发生软壳病。

【症 状】 患病蟹的甲壳薄,明显柔软,不能硬化,与肌肉分离,易剥离,体色发暗;病蟹行动迟缓,不摄食。

【流行特点】 所有的河蟹都能被感染。

【危害情况】 河蟹的生长速度受到影响,体长明显小于同批正常蜕壳的河蟹。

【预防措施】 ①适当加大换水量,改善养殖水质。②供应足够的优质饵料,平时在饵料中添加足量的磷酸二氢钙。③每 667 米² 水面、每米水深施用复合芽孢杆菌 250 毫升,促进有益藻类的生长,并调节水体的酸碱度。

【治疗方法】 发现软壳蟹,可捡起放在桶中暂养 1~2 小时,待其吸水涨足能自由爬行时再放入原池。

全池泼洒硬壳宝 1~2 次,补充钙及其他矿物质的含量。

在饵料中拌服蟹用多维,连用 5~7 天,以完善河蟹营养,促进钙质的沉积。

每 667 米² 水面、每米水深施用复合芽孢杆菌 250 毫升,促进有益藻类的生长,并调节水体的酸碱度。

297. 如何防治河蟹纤毛虫病?

【病 因】 病原是纤毛动物门、缘毛目、固着亚目的许多种类,其中对蟹形成危害的主要有聚缩虫,此外还有钟形虫、单缩虫、累枝虫,腹管虫和间隙虫也是其病原之一。放养密度大,池水过肥,长期不换水,水质不清新,水中有机物含量过高及携带纤毛虫蟹种都是导致本病发生的原因。

【症 状】 纤毛虫在河蟹幼体上寄生时,常分布在头胸部、腹部等处,抱卵蟹的卵粒上也可寄生纤毛虫。在河蟹体表可看见大量绒毛状物,手摸有滑腻感。幼体被寄生时病蟹全身呈黄绿色或棕色,行动迟缓。幼体正常活动受到影响,摄食量减少,呼吸受阻,蜕皮困难,引起幼体大量死亡。成体病蟹鳃部、头胸部、腹部和 4 对步足附生大量纤毛虫,导致死亡。患病河蟹反应迟钝,常滞留在池边或水草上。

【流行特点】　水温在 18℃～20℃ 时极易发生,我国河蟹养殖区均有本病发生。危害河蟹幼体和成蟹,尤其幼蟹易患本病。

【危害情况】　对河蟹幼体危害较大,一旦纤毛虫随水流进入育苗池,即会很快在池中繁殖,造成幼体大量死亡。病蟹一般在黎明前后死亡。成蟹受本病感染,即使不死亡,也会影响其商品价值。因本病发病周期长,故累积死亡量大。

【预防措施】　保持合适的放养密度。经常更换新水或加注新水,也可使用降解底净或氧化净水宝,保持水质清洁,并投喂营养丰富的饵料,促进蜕壳。在蟹种入池前,用 5％食盐水浸洗河蟹 5 分钟。

【治疗方法】　排出旧水,加注新水,每次更换 1/3 水量,每次每 667 米² 水面泼洒生石灰 15 千克,连用 3 次,使池水透明度保持在 40 厘米以上。

用 0.2％～0.5％甲醛溶液浸洗病蟹 1～2 小时。

用 2～4 毫克/升甲醛全池泼洒 1～2 次。

每 667 米² 水面、每米水深用虾蟹平 500 克或芳草纤灭 50 克,连用 3 天;3 天后每 667 米² 水面、每米水深再泼洒 200 克芳草菌敌。

用虾蟹蜕壳平按 500～750 克/100 千克饵料的量拌料投喂,促进蜕壳。

在水温为 23℃～25℃ 时用 5％新洁尔灭原液稀释为 0.67％的药液浸浴病蟹,30～40 分钟可以杀死大部分幼体身上的纤毛虫。

发病时用纤毛虫净、纤虫灭或甲壳净全池泼洒,杀灭寄生虫。

疾病控制后,应泼洒菌毒清或颗粒型二溴海因(或颗粒型溴氯海因),以防伤口被细菌侵袭,造成二次感染。

298. 如何防治青苔？

【病　因】　主要由于水位浅、水质瘦、光照直射塘底而导致青苔大量滋生导致。

【症　状】　青苔是一种丝状绿藻，常见于仔幼蟹培育的中后期。新萌发的青苔呈一缕缕绿色的细丝状，矗立在水中；衰老的青苔呈一团团乱丝状，漂浮在水面上。青苔在池塘中生长速度很快，使池水急剧变瘦，对幼蟹活动和摄食都有不利影响。同时，培育池中有青苔大量存在时，覆盖池水表面，使底层幼蟹因缺氧窒息而死亡；青苔茂盛时，往往有许多幼蟹钻入里面而被缠住步足，不能活动而被活活饿死。在生产实践中，若青苔较多，用捞海捞出时，可见里面有许多幼蟹被困死，即使有被缠住的幼蟹侥幸逃脱，也多数断肢，严重影响其正常活动与摄食。

【流行特点】　水温在14℃～22℃时流行最为严重。

【危害情况】　青苔大量繁殖，引起水质消瘦，使水草无法正常生长；青苔多会缠绕蟹种，尤其是正在蜕壳的河蟹，轻者会导致幼蟹断肢，严重者会导致幼蟹窒息死亡。青苔漂浮于水面，遮盖阳光，水草的光合作用受阻，造成池塘缺氧。

【预防措施】　及时加深水位，同时及时追肥，调节好水色，降低光照直射塘底。

定期追肥，使用生物高效肥水素，池塘保持一定的肥度，透明度保持在30～40厘米，以阻隔青苔生长旺期所必需的光照。

【治疗方法】　每立方米水体用生石膏粉80克，分3次均匀泼洒全池，每次间隔3～4天。如果幼蟹培育池中已出现较多的青苔，用药量可再增加20克，施药后加注新水5～10厘米，可提高防治能力。

用硫酸铜杀死青苔，但浓度必须很低，通常浓度在0.02～

0.05 毫克/升,当达到 0.3 毫克/升时,幼蟹在 24 小时内虽然未死,但活动加强,急躁不安,当浓度达到 0.7 毫克/升时,幼蟹在 36 小时内全部死亡。

可分段用草木灰覆盖杀死青苔。

在表面青苔密集的地方用漂白粉干撒,用量为每 667 米^2 用 650 克,夜间使用颗粒氧,如果发现死亡青苔全部清除,然后每 667 米^2 水面泼洒 300 克高锰酸钾。

299. 如何防治鼠害?

【病　因】　养蟹池塘面积小,河蟹密度高,腥味重,极易引来老鼠,造成鼠害。在生产上,鼠害已成为河蟹成蟹阶段的主要敌害生物。

【症　状】　老鼠常在河蟹夜间活动期间出来寻食,对河蟹进行突然袭击,也有在河蟹刚蜕壳或蜕壳后数天内抵抗能力低时被老鼠残食。此外,老鼠也可在穴居的洞中攻击河蟹。

【流行特点】　一年四季均可发生。

【危害情况】　直接咬噬吞食河蟹,导致河蟹死亡,造成严重后果。

【预防措施】　养蟹池中央的蟹岛应浸没于水中,蟹池防逃墙内外四周的杂草必须清除干净,以防止老鼠潜伏和栖居。

【治疗方法】　用磷化锌等鼠药放在池四周及防逃墙外侧定期灭鼠。平时巡塘时注意挖开鼠洞。在仔幼蟹培育池边及防逃墙外侧安放鼠笼、鼠夹、电猫等捕鼠工具捕杀老鼠。在出池前几天,昼夜值班,重点防治鼠患及蛙害。

300. 如何防治蛙害？

【病　因】　为青蛙吞食幼蟹。

【症　状】　青蛙对蟹苗和仔幼蟹危害很大,据报道,有人曾解剖一只体长 3.5 厘米的小青蛙,胃内竟有 10 只小幼蟹,最多的一只青蛙中竟吞食幼蟹 221 只。

【流行特点】　在青蛙的活动旺期发生严重。

【危害情况】　导致幼蟹死亡,给养殖生产造成严重后果。

【预防措施】　在放养蟹苗前,彻底清除供水沟渠中的蛙卵和蝌蚪。培育池四周设置防蛙网,防止青蛙跳入池中。

【治疗方法】　如果青蛙已经入池,则需及时捕杀。

301. 如何防治水蜈蚣？

【病　因】　水蜈蚣又称水夹子,是龙虱的幼体,其对幼蟹会造成伤害。

【症　状】　对幼蟹苗和Ⅰ期幼蟹危害极大,会直接吞食幼蟹。

【流行特点】　在 4～8 月份流行最为严重。

【危害情况】　直接导致幼蟹死亡。

【预防措施】　在放养蟹苗前,将池底及四周彻底清洗消毒,过滤进水,杜绝水蜈蚣进入蟹池。

【治疗方法】　如果池中已发现水蜈蚣,可在夜间用灯光诱捕,用特制的小捞网捞出捕杀。

302. 如何防治蟹奴？

【病　因】　本病由蟹奴寄生于蟹体腹部引起,蟹奴体为扁平圆形,呈乳白色或半透明状。

【症　状】　蟹奴幼虫钻进河蟹腹部刚毛的基部,生长出根状物,遍布蟹体外部,并蔓延至躯干及附肢的肌肉、神经和生殖器官,以吸收河蟹的体液作为营养物质,使河蟹生长缓慢。被蟹奴大量寄生的河蟹,其肉味恶臭,不能食用,被称为"臭虫蟹"。

【流行特点】　在全国河蟹养殖区均有发生,从 7 月份开始发病率逐月上升,9 月份达到高峰,10 月份后逐渐下降。如果将已经感染蟹奴的河蟹移至淡水(或海水)中饲养,蟹奴只形成内体和外体,不能繁殖幼体继续感染。

【危害情况】　含盐量较高的咸淡水池塘中尤以在滩涂养殖的河蟹发病率特别高。在同一水体中,雌蟹的感染率大于雄蟹。一般不会引起河蟹大批死亡,但影响河蟹的生长,使河蟹失去生殖能力,严重感染的蟹肉有特殊味道,失去食用价值。蟹奴寄生时,河蟹的性腺遭到不同程度的破坏,雌雄难辨。

【预防措施】　在投放幼蟹前用漂白粉、敌百虫、甲醛等严格清塘,杀灭蟹奴幼虫。

在蟹池中混养一定数量的鲤鱼,利用鲤鱼吞食蟹奴幼虫。

有发病征兆的池塘,立即更换池水,加注新水。

【治疗方法】　经常检查蟹体,把已感染蟹奴的病蟹单独取出,抑制蟹奴的发展与扩散。

用 0.7 毫克/升硫酸铜和硫酸亚铁(5∶2)合剂泼洒全池消毒。

用 10％食盐水浸洗病蟹 5 分钟,可以杀死蟹奴。

发病时用纤毛虫净或纤虫灭浸洗病蟹 10～20 分钟,使用浓度参考药物说明书。

用甲壳净或纤虫灭全池泼洒,使用浓度参考药物说明书,杀灭寄生的蟹奴。

303. 如何防治河蟹性早熟？

【病　　因】　①有些育苗场盲目追求利润,在购置亲蟹时为了节省成本,购买50~70克的小老蟹作亲本。②池水过浅,水草少而导致生长积温过高,使河蟹性腺提前发育。③养殖过程中营养过剩,主要是前期动物性蛋白质饵料摄入过多,体内营养过剩。④水质不良,表现在盐度偏高、水质过肥、有害因子超标等。⑤育苗采用高温、高药、高密度的方式,严重损害蟹苗健康,培育过程中有效积温增加,导致种质退化。⑥生产中滥用促生长素和蜕壳素之类的药物。⑦其他原因,如河蟹生长期水温高、土壤和水中的盐分含量高、水质过肥、pH高等均可导致性早熟。

【症　　状】　幼蟹尚未长大,性腺已趋于成熟,不再生长,规格一般在10~40克,雄蟹蟹足绒毛变黑变粗,雌蟹腹脐长圆,边缘长出黑色刚毛,翌年不再蜕壳生长。如继续养殖会因蜕壳困难而大量死亡。商品价值极低,俗称"小绿蟹"。

【流行特点】　在河蟹的整个生长周期里均能发生。

【危害情况】　死亡率很高,可达100%。

【预防措施】　进行种质改良,培育优良品种,在繁殖时要选用野生湖泊、水库中的天然雌、雄蟹做亲本。

池塘中栽种挺水植物和浮水植物,面积占整个池塘的1/3~1/2,如芦苇、苦草及水花生,有利于控制水温,保持水质清爽,以降低养殖积温。

适当增加蟹苗放养密度,降低蜕壳速度,待蟹苗变成仔蟹时,再根据仔幼蟹的实际情况适当增减其数量,调整放养密度。

调整饵料结构,在培育扣蟹的整个养殖过程中,蟹种的饵料结构要坚持"两头精、中间粗"的原则。

降低池塘水温,蟹塘应尽量选在有丰富水资源的地方,便于在高温季节补充池水,提高水深;每天上午 9 时至下午 4 时,不停地向塘中注水,使之形成微流水,利用流水降低水的温度;栽植水生植物遮阴,降低水温。适当加深养殖池的水位,以水深适当控制水温升高,蟹沟的水深要保持在 70 厘米以上,尽量使池水的温度保持在 20℃～24℃,以延长蟹种的生长期,降低性早熟蟹种的比例。

【治疗方法】 在蟹种培育阶段,饵料投喂坚持以植物性饵料为主、动物性饵料为辅的原则,同时配合使用蜕壳素。使用光合细菌来改善水质。

304. 如何防治河蟹中毒?

【病　因】 池塘水质恶化,产生氨氮、硫化氢等大量有毒气体毒害幼蟹;清塘药物残渣、过高浓度用药、进水水源受农田农药或化肥、工业废水污染、重金属超标;投喂被有毒物质污染的饵料;水体中生物(如湖靛、甲藻、小三毛金藻)所产生的生物性毒素及其代谢产物等都可引起河蟹中毒。

【症　状】 河蟹活动失常,背甲后缘与腹部交接处胀裂出现假性蜕壳,鳃丝粘连呈水肿状,或河蟹的腹脐张开下垂,肢体僵硬,步足撑起或与头胸甲分离而死亡。死亡后的河蟹肢体僵硬、拱起,腹脐张开,胸板下垂,鳃及肝脏明显变色。

【危害情况】 本病在全国各地均有发生,一旦发生则死亡率较高。

【预防措施】 在河蟹苗种放养前,彻底清除池塘中过多的淤泥,保留 15～20 厘米厚的塘泥。

采取相应措施进行生物净化,消除养殖隐患。

清塘消毒后,一定要等药物残留完全消失后才能放养河蟹苗种,最好使用生化药物进行解毒或降解毒性后进水。

严格控制已受农药(化肥)或其他工业废水污染过的水进入

池内。

投喂营养全面、新鲜的饵料。

池中栽植水花生、聚草、凤眼莲等有净化水质作用的水生植物，同时在进水沟渠也要种上有净化能力的水生植物。

【治疗方法】 一旦发现河蟹有中毒症状时，首先进行解毒，可用各地市售的解毒剂全池泼洒，然后再适当换水，同时用大蒜素和解毒药品拌料口服，每日 2 次，连用 3 天。